全国高职高专规划教材——工学结合教材

水污染控制工程实践教程

金洁蓉　主编

中国环境出版社·北京

图书在版编目（CIP）数据

水污染控制工程实践教程/金洁蓉主编．—北京：中国
环境出版社，2016.4
全国高职高专规划教材．工学结合教材
ISBN　978-7-5111-2619-1

Ⅰ．①水…　Ⅱ．①金…　Ⅲ．①水污染—污染控
制—高等职业教育—教材　Ⅳ．①X520.6

中国版本图书馆 CIP 数据核字（2015）第 283420 号

出 版 人	王新程
责任编辑	黄晓燕　侯华华
责任校对	尹　芳
封面设计	宋　瑞

出版发行　中国环境出版社
　　　　　（100062　北京市东城区广渠门内大街 16 号）
　　　　　网　　址：http://www.cesp.com.cn
　　　　　电子邮箱：bjgl@cesp.com.cn
　　　　　联系电话：010-67112765（编辑管理部）
　　　　　　　　　　010-67112735（环评与监察图书分社）
　　　　　发行热线：010-67125803，010-67113405（传真）

印　　刷	北京市联华印刷厂
经　　销	各地新华书店
版　　次	2016 年 4 月第 1 版
印　　次	2016 年 4 月第 1 次印刷
开　　本	787×960　1/16
印　　张	12.5
字　　数	232 千字
定　　价	22.00 元

编审人员

主　　编　金洁蓉（南通科技职业学院）

副 主 编　邹永平（南通环境工程设计研究院有限公司）

　　　　　乔启成（南通科技职业学院）

　　　　　陈启迪（中国市政工程中南设计研究总院有限公司

　　　　　　　　　南京分院）

编写人员　李　莉（南通科技职业学院）

　　　　　陈　前（南通科技职业学院）

　　　　　杨桂云（南通市政设施管理处）

　　　　　杨燕霞（南通市自来水公司）

　　　　　张晨君（江苏省水利勘测设计研究院有限公司）

　　　　　王　敏（江苏石油勘察设计研究院）

主　　审　夏存娟（南通市太平洋水处理公司）

序　言

工学结合人才培养模式经由国内外高职高专院校的具体教学实践与探索，越来越受到教育界和用人单位的肯定和欢迎。国内外职业教育实践证明，工学结合、校企合作是遵循职业教育发展规律，体现职业教育特色的技能型人才培养模式。工学结合、校企合作的生命力就在于工与学的紧密结合和相互促进。在国家对高等应用型人才需求不断提升的大环境下，坚持以就业为导向，在高职高专院校内有效开展结合本校实际的"工学结合"人才培养模式，彻底改变了传统的以学校和课程为中心的教育模式。

《全国高职高专规划教材——工学结合教材》丛书是一套高职高专工学结合的课程改革规划教材，是在各高等职业院校积极践行和创新先进职业教育思想和理念，深入推进工学结合、校企合作人才培养模式的大背景下，根据新的教学培养目标和课程标准组织编写而成的。

本套丛书是近年来各院校及专业开展工学结合人才培养和教学改革过程中，在课程建设方面取得的实践成果。教材在编写上，以项目化教学为主要方式，课程教学目标与专业人才培养目标紧密贴合，课程内容与岗位职责相融合，旨在培养技术技能型高素质劳动者。

前　言

　　经济的高速发展带来生态环境的日益恶化，我国作为发展中国家，日益认识到保护生态环境的重要性与紧迫性。为此，国家一方面积极完善环境保护政策、法规、标准的制定，大力促进城镇污水处理厂以及工企业污水处理站的建设；同时，重视污水处理方面专业技术人才的培养，尤其是动手能力较强的高素质人才的培养。

　　本书以学生动手能力培养为目标，以典型的实验、实训任务为载体，从实验、实训及仿真操作三个方面全面组织、构建水污染控制工程的实践项目。其中，第一章主要内容为水处理基本知识的简单回顾，第二章主要内容为水处理的单元实验，第三章主要内容为水处理工艺实训，第四章主要内容为水处理仿真实训，第五章主要内容为水处理运行管理过程中常见问题及解决办法。

　　在本书的编写过程中，阅读和参考了大量的文献资料，编者在此向所有被引用的参考文献的作者们致以诚挚的谢意！

　　由于编者专业知识与实践经验有限，书中难免存在错误和疏漏，敬请读者批评指正。

目　录

第一章　水污染处理工程的基本知识体系

第一节　水污染处理的基本原则

一、水污染处理工作的主要任务

水环境工程学是一个较为庞大而复杂的技术体系，它不仅研究防治环境污染的技术和措施、自然资源的保护和合理利用，还探讨废水回用资源化技术与清洁生产技术，对区域水环境进行系统规划与科学管理，以获得最优的环境效益、社会效益和经济效益。

水净化与水污染控制工程主要任务是研究预防和处理水体污染，保护和改善环境质量，利用水资源以及提供不同用途和要求用水的工艺技术和工程措施。主要领域有：水体自净及其利用；城市污水处理与利用；工业废水处理与利用；城市、区域和水系的水污染综合整治；水环境质量标准和废水排放标准；等。

在废水处理中应先考虑改革生产工艺，完善清洁生产体系减少排污量；废水达到某种处理程度后尽量用作复用水、循环水；有条件时应回收废水中有用物质。废水中所含污染物的复杂性决定了单一的处理单元不能实现所有污染物的去除，因此废水处理中常将多种处理单元组合成流程，例如，某啤酒厂高浓度废水处理流程见图 1-1。

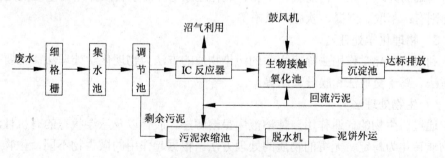

图 1-1　高浓度啤酒废水处理工艺流程

二、废水处理的基本途径与方法

废水中的污染物质是多种多样的，往往不可能用一种处理单元就把所有的污染物质去除干净。一般一种废水往往需要通过几个处理单元组成的处理系统处理后，才能够达到排放要求。采用哪些方法或哪几种方法联合使用应根据废水的水量和水质、排放标准、处理方法的特点以及处理成本和回收经济价值等，通过调查、分析、比较后才能决定，必要时还要进行小试、中试等试验研究。

（一）按处理方法进行分类

针对不同污染物质的特征，发展了各种不同的废水处理方法，这些处理方法可按其作用原理划分为四大类：物理处理法、化学处理法、物理化学处理法和生物处理法。

1. 物理处理法

主要通过物理作用，以分离、回收废水中不溶解的悬浮状态污染物质（包括油膜和油珠）的废水处理法。根据物理作用的不同，又可分为重力分离法、离心分离法和筛滤截留法等。属于重力分离法的处理单元有：沉淀、上浮（气浮、浮选）等，相应使用的处理设备是沉砂池、沉淀池、除油池、气浮池及其附属装置等。离心分离法本身就是一种处理单元，使用的处理装置有离心机和水旋分离器等，筛滤截留法包括截留和过滤两种处理单元，前者使用的处理设备是格栅、筛网，而后者使用砂滤池和孔滤池等。

2. 化学处理法

通过化学反应和传质作用来分离、去除废水中呈溶解、胶体状态的污染物质或将其转化为无害物质的废水处理法。在化学处理法中，以投加药剂产生化学反应为基础的处理单元有：混凝、中和、氧化还原等；而以传质作用为基础的处理单元则有：萃取、汽提、吹脱和吸附等。

3. 物理化学处理法

利用物理化学作用去除废水中的污染物质的方法为物理化学处理法，主要有吸附法、离子交换法和膜分离法等。

4. 生物处理法

通过微生物的代谢作用，使溶液中呈溶解态、胶体以及悬浮状态的有机性污染物质转化为稳定、无害的物质的处理方法。根据起作用的微生物不同，生物处理法又可分为好氧生物处理法和厌氧生物处理法。

（二）按处理程度进行分类

现代废水处理技术，按处理程度可分为一级处理、二级处理和三级处理。

1. 一级处理

除去废水中的漂浮物和部分悬浮状态的污染物质，调节废水 pH 值、减轻废水后续处理工艺负荷的处理方法，称为一级处理。污水经一级处理后，一般达不到排放标准，所以一般以一级处理为预处理，以二级处理为主体，必要时再进行三级处理，即深度处理，使污水达到排放标准或补充工业用水和城市供水，一级处理的常用方法有筛滤法、沉淀法、上浮法、预曝气法。

2. 二级处理

污水通过一级处理后，再加以处理，用以除去污水中大量有机污染物，使污水进一步净化的工艺过程。相当长时间以来，主要把生物化学处理作为污水二级处理的主体工艺。污水经过一级处理之后，可以有效地去除部分悬浮物，生化需氧量（BOD_5）也可以去除一部分，但一般不能去除污水中呈溶解状态的和呈胶体状态的有机物和氧化物、硫化物等无机物，不能达到污水排放标准，因此需要进行二级处理。结合处理效果和处理成本，目前二级处理的主要工艺为生物处理，包括厌氧生物处理及好氧生物处理，其中好氧生物处理主要有活性污泥法及生物膜法。

3. 三级处理

污水三级处理又称污水深度处理或高级处理，进一步去除二级处理未能去除的污染物质，其中包括微生物以及未能降解的有机物或磷、氮等可溶性无机物，三级处理是深度处理的同义词，但二者又不完全一致。三级处理是经二级处理后，为了从废水中去除某种特定的污染物质，如磷、氮等而补充增加的一项或几项处理单元，深度处理则往往是以废水回收、复用为目的，而在二级处理后所增设的处理单元或系统。三级处理耗资较大，管理也较复杂，但能充分利用水资源。完善的三级处理由除磷，脱氮，去除有机物（主要是难以生物降解的有机物）、病毒和病原菌、悬浮物和溶解性矿物质等单元过程组成。根据三级处理出水的具体去向，其处理流程和组成单元是不同的。例如，如果为防止受纳水体的营养化，则采用除磷和除氮的三级处理；如果为保护下游饮用水源或浴场不受污染，则应采用除磷、除氮、除毒物、除病毒和病原菌等三级处理。经过三级处理的出水，可直接作为城市饮用水以外的生活用水、洗衣、清扫、冲洗厕所、喷洒街道和绿化地带等用水。

三、物理化学处理单元简介

（一）沉淀、澄清、气浮与过滤

1. 格栅和筛网

格栅和筛网是水处理厂的第一处理单元，放在处理构筑物（如集水池、取水口）之前，作用是去除悬浮物，保护水泵叶轮，防止管道堵塞。格栅根据栅条间隙可分为细格栅、中格栅和粗格栅，大型格栅多采用机械清除履带式格栅。筛网常用于水中含纤维、纸浆、藻类等细小杂物的废水，筛网孔径3～7 mm的旋转筛网是常用的机械筛网，可用高压水连续清洗。

2. 沉砂池

当水中含有砂粒、煤渣等比重较大的无机颗粒杂质时，需设沉砂池，曝气沉砂池及旋流沉砂池是常用形式。当水中无机颗粒包裹有机物时，沉砂池的截留效率降低，此时采用曝气沉砂池较好，方法是在沉砂池过水断面一侧注入空气使水流形成旋状，促进颗粒碰撞摩擦，去除颗粒表面的有机污染物，有利于砂粒沉降，主要设计参数为：HRT＝2～3 min，需气量0.2 m³/m³污水，水流速度0.1 m/s。

3. 沉淀

沉淀池的分离对象d＞0.1 mm。各类沉淀池的性能特点及适用条件见表1-1，设计参数见表1-2。

斜板（管）沉淀池是根据浅层理论发展起来的新型沉淀池。它的水力条件得到很大改善，因此斜板（管）沉淀池的表面负荷率可大幅提高。该池适用于悬浮物浓度较低且悬浮物黏性较小的物质。当用于活性污泥处理出水的二沉池时，应适当加大倾角，加大斜板的间距（d＞120 mm）或斜管直径（d＞80 mm）增大斜板（管）壁厚以增大强度、防止变形。

表1-1 各类沉淀池的特点及适用条件

池型	优点	缺点	适用条件
平流式	1. 沉淀效果好，运行稳定 2. 对冲击负荷和温度变化的适应能力较强 3. 施工简易，造价较低	1. 配水不易均匀 2. 采用多斗排泥时，每个泥斗需单独设排泥管，操作量大，管理复杂，采用链带式刮泥排泥时，机件浸于水中，易锈蚀	1. 适用于地下水位高及地质较差地区 2. 通用于大、中、小型水处理厂

池型	优点	缺点	适用条件
竖流式	1. 排泥方便，管理简单 2. 占地面积较小	1. 池子深度大，施工困难 2. 造价较高 3. 对冲击负荷和温度变化的适应能力较差 4. 池径不宜过大，否则布水不均匀	适用于小型污水处理厂，给水厂多不用
辐流式	1. 多为机械排泥，运行较好，管理较简单 2. 排泥设备已趋稳定	1. 水流不易均匀，沉淀效果较差 2. 机械排泥设备复杂对施工质量要求高	1. 适用于地下水位较高地区 2. 适用于大中型水处理厂

表 1-2 沉淀池的设计参数

项目	平流式	竖流式	辐流式	备注
过流率/[m³/（m²·d）]	30～45	25～30	＞45	城市污水
	14～22	20～25	14～22	混凝沉淀
	22～45		22～45	石灰软化
	20～24	20～40	20～24	活性污泥
停留时间/h	1.5～2.0	1.5～2.0	1.5～2.0	城市污水
	2～4		2～4	给水
堰板溢流率/[m³/（m²·d）]	300～450	100～300	＜300	污水初沉池
	100～450		100	絮凝物
悬浮物去除率/%	40～65	60～65	50～65	城市污水

　　斜板（管）沉淀池的工艺示意图见图 1-2。根据水流和泥流的方向，可分为同向流与异向流。异向流对改善颗粒的沉降性能有利。对含油废水而言，则常采用下向流（即气流由上而下），由于油珠是向上浮起的，就颗粒分离与水流方向而言仍为异向流。

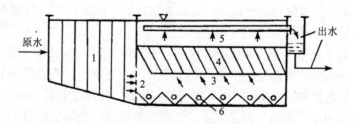

图 1-2　斜板（管）沉淀池示意

1. 反应区；2. 穿孔花墙；3. 布水区；4. 斜板或斜管；5. 清水区；6. 排泥区

4. 澄清

澄清是实现泥水分离的一种净水工艺，它利用池中积聚的活性泥渣相互接触、吸附、分离使原水较快地得到澄清。该工艺可充分发挥混凝剂的作用和提高单位池容的产水能力。澄清池可以分为泥渣循环型（机械加速澄清池、水力循环澄清池）和泥渣悬浮型（脉冲澄清池、悬浮澄清池）两大类，各类澄清池的工艺特点及适用条件见表 1-3。

表 1-3　各类澄清池的工艺特点及适用条件

池型	工艺特点	适用条件
机械加速澄清池	处理效率高，单位面积产水量大，对水质适应能力强，处理效果稳定	大中型水厂，进水 SS<3 000 mg/L
水力循环澄清池	结构简单；对水质适应性较差	中小型水厂，进水 SS<2 000 mg/L
脉冲澄清池	混合充分，布水均匀；混凝剂利用率好；池深较浅，易于布置操作，管理要求高	大中型水厂，进水 SS<3 000 mg/L

5. 气浮

气浮分离的对象是乳化油及疏水性细微悬浮物，亲水性物质疏水化是气浮的先决条件。对稳定的带电胶体体系，投加无机盐电解质即可压缩双电层破坏胶体的稳定性，使颗粒疏水化，对吸附两性分子（如表面活性剂）的乳化油体系可投加电解质（无机盐、酸等）破乳。对某些重金属离子等可投加特定的浮选剂（捕集剂）使其疏水化。

根据获得细微气泡的方式，气浮可分为压力溶气气浮法、射流溶气气浮法及电解气浮法三类。目前常用的是压力溶气气浮法。其工艺流程见图 1-3。气浮效率与释放的气泡量有关。

根据水中悬浮物（SS）量选择溶气水量与进水量之比即回流比（常为 25%～50%）溶气水中气体量与悬浮物量之比称为气固比，随悬浮物与气泡的黏附特性不同而有差异（通常为 0.1%～1%重量比）。

气浮分离工艺效率高、速度快，水力停留时间仅 10～30 min，表面负荷可达 5～10 m³/（m²·h），表面泥渣干燥，含水率低。在处理厂占地受限制的地方及含特种悬浮物如乳化液，含藻、含纸浆纤维等的废水，气浮法有着不可取代的功能。

电解气浮由于产生的气泡更细小、气浮效率更高，电解生成的 H_2 及 O_2 具有氧化还原作用，因而近年来在特种废水的处理中逐渐得到推广。

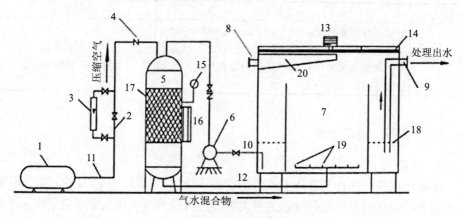

图 1-3　加压溶气气浮法工艺流程

1.空压机；2.旁通管；3.流量计；4.单向阀；5.溶气罐；6.溶气水泵；7.气浮池；8.出渣口；
9.出水口；10.回流水管；11.压缩空气管；12.溶气水管；13.减速机；14.刮渣板；15.压力表；
16.液位计；17.填料；18.多孔板；19.释放器；20.集渣槽

6. 过滤

常用于活性炭吸附、离子交换的预处理及沉淀、气浮的后处理。过滤介质有石英砂、无烟煤、磁铁矿渣等。利用密度不同的数种介质作滤料即成为双层、三层滤池。

过滤池的配水系统决定着滤层冲洗后滤料分布的均匀性，从而决定着滤层的运行效果，因此配水系统应严格认真计算。常用的配水系统有大阻力系统和小阻力系统，其中大阻力系统的均匀性容易保证，小阻力系统仅用于滤池深度受限制的场合（如无阀滤池、压力滤池等）。各种滤池的工艺特点及适用条件见表1-4。

表 1-4　各种滤池的工艺特点及适用条件

形式	工艺特点	适用条件
快滤池	运行管理可靠，技术成熟，池深较浅，阀件较多	中小型水量，进水 SS<20 mg/L
虹吸滤池	不需冲洗水泵、水箱，阀件省；易于自控，池深大，结构稍复杂	大、中、小型水量，单池面积小于 25 m²
重力式无阀滤池	管理简单、自动冲洗，小阻力系统配水均匀性稍差	中小型水量，进水 SS<200 mg/L
压力滤池	可无人管理，省去二级泵，系统配水均匀性稍差	小型水量，可与除盐，软化等设备联合进水，SS<20 mg/L

形式	工艺特点	适用条件
V 型滤池	可采用较粗滤料($d_{10}=1\sim1.5$ mm, $K_{80}=12\sim1.6$),纳污量大,过滤周期长,表面冲洗+气水冲洗效果好,冲洗水量少;滤料粒径纵向分布均匀,过滤效果好;技术稍复杂	大中型水量,进水 SS<200 mg/L

(二) 混凝、消毒处理

1. 混凝

混凝包括药剂混合及絮体形成两个阶段,统称为混凝。混凝理论目前公认的主要有电中和理论及吸附架桥理论两大类,无机盐的电中和压缩双电层作用十分明显,在药剂水解、缩合形成高分子絮凝体后吸附架桥作用也十分重要,有机高分子絮凝剂的吸附架桥作用则起主要作用。混凝的影响因素主要有水温、pH 值、水的温度、水力条件等,常用的混合设备及反应设备的特点及适用条件见表 1-5 和表 1-6。

表 1-5　各种混合设备的特点及适用条件

设备	特点	适用条件
机械混合器	便于调节;管理稍复杂	各种水量,设备简单
管式混合器	混合效果好;管理简单	流量稳定
水泵叶轮混合法	效果好;水泵出水量不能太长	各种水量
涡流混合池	管理简单;运行稳定	中小型水厂,水量稳定
穿孔板式混合池	占地面积大;水头损失稍大	大中型水厂

表 1-6　各种反应设备的特点及适用条件

设备	特点	适用条件
隔板反应池(往复式,回转式)	反应效果好;容积大;出水流量不易分配均匀;对水质适应性差	大中型水厂
旋流式反应池	容积小;池子深,水头损失小	中小型水厂
竖流式折板反应池	反应效果好;絮凝时间短;安装检修稍困难;折板费用稍高	中小型水厂
机械反应池	反应效果好,便于调节;适应水质变化;水头损失小;需经常检查	大、小水厂可应用

在水处理(尤其是工业废水处理)中重要的是选择混凝剂,一般常需通过试验确定药剂品种及剂量。下列原则可供参考:① 当胶体颗粒带负电荷且电位较低

时，采用高价金属盐混凝剂为主，且在混合阶段使水的 pH 值处于较低值为好；② 废水需要脱色时混凝剂应加大剂量并在较低的 pH 值下进行为宜；③ 水的碱度较低时应辅加石灰，但在前两种情况下石灰应后加；④ 低温低浊时铁盐混凝效果稍好；⑤ 采用有机分子絮凝剂助凝时，投点应在反应的最后 2～3 min 内；⑥ 在一般水质条件下无机高分子絮凝剂（如 PAC、PFS）投量少，效果好。

2. 消毒

水的杀菌消毒对象是病原菌、病毒以及寄生虫卵。生活饮用水必须消毒，生活污水、医院污水等的末端处理亦须消毒。消毒方法最常见的是氯气消毒，由于氯气消毒有可能产生致癌的含氯有机物，因此近年来臭氧消毒、二氧化氯消毒、紫外线消毒亦逐渐得到推广应用。

氯消毒在低温、酸性条件下效果较好，这是由于此时产生的 HClO 较多。当需要将水中有机物全部去除时，常采用折点加氯法。当需要延长杀菌时间时则可采用氯胺消毒法。对含腐殖质及藻类的原水常用混凝时同时加氯的预氯化法。加氯机主要有转子加氯机和真空加氯机。常见的消毒方法及其应用见表 1-7。

表 1-7　常见的消毒方法及其特点

消毒方法	特　点	适用条件
氯气	操作技术成熟；自动化程度高；投量准确	清洁自来水，大水量
氯胺	维持余氯；无氯酚臭；防止细菌繁殖	水中微量有机物较少，管网较长
二氧化氯	消毒能力强，不产生含氯有机物；调制不便	生活污水，医院污水
NaClO	设备简单；使用方便，易于调整	小型水厂及污水处理厂
漂白粉	设备简单；用量大；调制不便	污水处理
臭氧	对病毒、芽孢杀伤力强；消毒效果好；无持续杀菌能力	微污染，大水量的水厂
紫外线	速度快，效率高；不影响水的成分	管路短的小水量

（三）离子交换与膜技术

1. 离子交换技术

主要用于去除水中阴、阳离子如 Ca^{2+}、Mg^{2+}、K^+ 及 Cl^-、NO^-（当仅用于阳树脂去除 Ca^{2+}、Mg^{2+}时则为软化）。离子交换的影响因素有 pH 值、树脂交换容量、交联度及交换势。各类树脂交换势如下：

强酸阳树脂：$Fe^{2+}>Ca^{2+}>Mg^{2+}>K^+>NH_4^+>Na^+>H^+>Li^+$

弱酸阳树脂：$H^+>Fe^{3+}>Ca^{2+}>Mg^{2+}>K^+>NH_4^+>Na^+>Li^+$

强酸阴树脂：$SO_4^{2-} > CrO_4^{2-} > NO_3^- > Cl^- > F^- > OH^- > HCO_3^- > HSiO_3^-$

弱碱阴树脂：$OH^- > SO_4^{2-} > CrO_4^{2-} > NO_3^- > Cl^- > F^- > HCO_3^- > HSiO_3^-$

交换容量已达饱和的阳离子交换树脂由于再生条件不同（NaCl、HCl）可产生 H 型阳树脂或 Na 型阳树脂，前者除了能去除硬度（Ca^{2+}、Mg^{2+}）外尚能去除水中碱度（HCO_3^-），但需设脱 CO_2 器，后者适应于 SO_4^{2-}、Cl^- 型硬度。软化时根据需要亦可组成 H-Na 并联、H-Na 串联系统，树脂数量的配置需根据水质计算。

离子交换树脂用于除盐的基本组合为 H 型阳树脂和 OH 型阴树脂的复床系统。常用系统及其特点见表 1-8。当需要深度除盐时，为获得高纯水应串联混床系统。

表 1-8   离子交换系统的工艺特点及适用条件

除盐系统形式	工艺特点	适用条件
强酸－脱气－强碱	除 CO_2 脱气可减轻强碱阴床负担，且强酸阳树脂抗污染，可除 $HSiO_3^-$	适用碱度较高的原水，出水电阻率 $1 \times 10^5 \Omega \cdot cm$
强酸－弱碱－脱气	弱碱树脂交换容量大，再生可用 Na_2CO_3 且比耗低	不能去除硅出水电阻率 $5 \times 10^5 \Omega \cdot cm$
强酸－脱气－弱碱－强碱	强碱、弱碱阴树脂串联再生，再生剂用量少，可除 $HSiO_3^-$	原水有机物含量大，强酸阴离子含量大，出水电阻率 $1 \times 10^5 \Omega \cdot cm$

离子交换用于电镀废水处理，常用于回用有用金属，图 1-4 为含铬废水（Cr^{6+}、CrO_4^{2-}、$Cr_2O_7^{2-}$）的双阴柱全酸性全饱和处理流程，可获得浓缩的 $H_2Cr_2O_7$ 溶液。

2. 膜分离技术

膜分离是利用一些特殊的半透膜分离水中离子或分子的技术，常用的方法有电渗析、反渗透、微滤、超滤、纳滤等。膜分离技术是很有发展前景的水处理技术，可获得高纯水、去离子水，废水处理中可回收工业原料，获得可观的经济效益。在特种水处理领域，它经常具有不可取代的优点。膜分离法总的特点是常温操作、无相变化，但由于处理成本较高，处理量一般不大。各种膜技术的特点及应用见表 1-9。

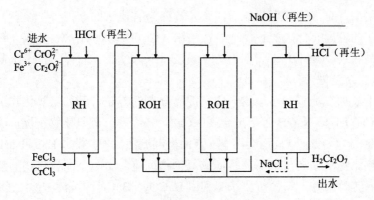

图 1-4 含铬废水离子交换处理流程

表 1-9 各类膜技术的特点及应用

分离方法	膜及电极	推动力	处理对象	应用
电渗析	电极：铅、石墨、钛镀钌；膜：离子交换膜	电位差	原水含盐小于 10 g/L，分离离子	离子交换预处理：碱法造纸废水回收木质素和烧碱；含硝废水回收 NaOH、H_2SO_4
反渗透	醋酸纤维素膜、聚酰胺膜	水压 2.0～7.0 MPa	原水含盐大于 10 g/L，除盐；分离离子及小分子溶质 (1 nm)	海水淡化、高纯水制取、零硬水制取、贵重金属回收
超滤	醋酸纤维素膜、聚酰胺膜	水压 0.1～1 MPa	$M_r > 500$ 的大分子、细菌、病毒、蛋白质、染料、乳化液	电泳漆废水、机械切削浮化液、染料废水、饮用纯净水

（四）水处理的其他物理化学方法

1. 中和法

酸碱废水中和优先考虑本厂废水混合中和，以节省药剂。如石灰石 $CaCO_3$ 作滤料，升流式膨胀滤池作酸性废水中和处理设备，可节省较贵的烧碱；利用烟道气喷淋碱性废水也是以废治废的一种方法。

2. 氧化还原法

用化学药剂与水中污染物质进行氧化还原反应，使之成为无害或者无毒物质的方法。

氧化法的应用有：空气氧化脱硫塔处理含硫（H_2S）废水；氯化（漂白粉、次氯酸钠、液氯等）法处理含氰（CN）废水、脱色、除酚；臭氧氧化用于水的除臭、脱色、除酚、除氰（CN）等。

光氧化法具有很强的氧化能力，紫外灯亦为氧化法的一种。

还原法的应用有：硫酸亚铁－石灰除铬（$Cr_2O_7^{2-}$、CrO_4^{2-}）、金属（铁屑、锌粒）等滤料除汞（Hg^{2+}）。

3. 化学沉淀法

在水中投加沉淀剂与污染物形成沉淀而分离的方法。例如氢氧化物沉淀法，主要是用 $Ca(OH)_2$、$NaOH$ 等形成金属（Ca^{2+}、Zn^{2+}等）氢氧化物沉淀，注意某些金属为两性，过量投加碱反而会溶解。硫化物沉淀法，水中投加 H_2S、$NaHS$、Na_2S 等可溶性硫化物，使之与金属离子形成硫化物沉淀。由于金属硫化物的溶度积更小，所以沉淀效果好。钡盐沉淀法是利用 $BaCO_3$、$BaCl_2$ 等沉淀去除 CrO_4^{2-}。

4. 电化学法

对电解质溶液通过直流电，发生电化学反应去除污染物。电解法的主要参数有极水比、极板中心距。电解的工艺条件为：电流密度槽（水）温、搅拌强度等。铁板（或铝板）作阳极的电解法，阳极会溶解成 Fe^{3+}（或 Al^{3+}）而在水中形成絮凝，此为电解凝聚法，用于废水脱色、除油及造纸纸浆废水、重金属废水的处理。

5. 吸附

指利用多孔物质作吸附剂吸附去除水中难以被微生物降解的溶解性有机物以及合成洗涤剂、微生物、病毒、痕量重金属等的一种方法，吸附法对苯酚、合成染料、石油产品、杀虫剂、胺类化合物及许多人工合成有机物都有一定去除效果，该法同时能除臭、脱色，因而在水处理中有广泛应用。

吸附的影响因素很多，主要与吸附剂的性质、吸附质的性质，水的 pH 值、水中杂质、水质、水与吸附剂的接触时间和接触方式有关。根据不同条件选择合适的吸附剂和控制操作条件是十分重要的。吸附操作方式常用固定床，也有移动床与流动床。

吸附法处理程度高、应用范围广、适应性强，但处理成本高，常用于含低浓度难处理的有害、有毒物质废水的深度处理。

6. 萃取

指用特定有机溶剂和废水接触在物理（溶解）或化学（络合、离子缔合）的作用下，使原溶解于水中的某种组分的水相转移至有机溶剂相的过程。该转移过程的条件必须是被萃取组分在溶剂中溶解度大于水相，同时溶剂与水是互不相溶的，高浓度含酚废水利用二甲苯为萃取剂、NaOH 为反萃剂，可回收废水中大部分酚为酚钠产品，染料废水中苯、萘、蒽醌是带磺酸基的染料中间体，用 N_{235} 在酸性条件下萃取的工艺可获得该类染料中间体，处理水有较高的脱色度。重金属废水采用广谱萃取剂磷酸三丁酯（TBP）、甲基磷酸二甲庚酯（P_{350}）可获得很好的效果。萃取法选择良好的萃取剂是十分重要的。

7. 吹脱与汽提

将空气或蒸气充分与水接触传质，使水中溶解气体或低沸点溶质向空气中扩散，从而去除污染物。吹脱分为池式与塔式，池式是将空气鼓入水中，塔式是将水从填料塔中喷淋下来，常用于含 H_2S、HCN 等有毒废水的处理。汽提设备有泡罩塔、筛板塔、填料塔等，处理含酚废水及含氨废水是有效的。

水处理的几种物理化学方法的特点及应用示例见表 1-10。

表 1-10　水处理的物理化学方法

处理方法	药剂及设备	特点及应用示例
中和法	中和剂：石灰、烧碱、电石渣、纯碱、硫酸、盐酸	碱性印染废水加盐酸中和；石灰石（$CaCO_3$）升流式膨胀滤池处理酸性废水；烟道气（SO_2、CO_2）喷淋碱性废水
氧化还原法	氧气、空气、臭氧、漂白粉、次氯酸钠、三氯化铁；硫酸亚铁、亚硫酸盐、氯化亚铁、铁	铁屑过滤处理含汞废水 空气氧化法脱硫 氧化法处理含氰废水
化学沉淀法	石灰、烧碱；硫化氢、硫化钠；碳酸钡、氧化钡	$Ca(OH)_2+Ni^{2+}\rightarrow Ni(OH)_2\downarrow$ [$Zn(OH)_2\downarrow$]、[$Ca(OH)_2\downarrow$] $Na_2S+Hg^{2+}\rightarrow HgS\downarrow+2Na^+$ $BaCl_2+NaCrO_4\rightarrow BaCrO_4+2NaCl$
电化学法	电解槽电极；石墨、钛镀钌；电解絮凝电极、铁板；铝板	含氰废水，含酚废水，电解氧化，含铬废水电解还原
吸附法	吸附剂：活性炭、碳化煤、沸石、活性白土、硅藻土、焦炭、木屑	去除微量溶解性有机物、合成洗涤剂、微生物、病毒、痕量重金属，脱色、除臭，通常用于水的深度处理
萃取	萃取剂：二甲苯、磷酸三丁酯（TBP）、甲基磷酸二甲庚酯等　萃取塔：脉冲筛板、转盘萃取塔	染料废水（萘、蒽、酶系列带碳酸基中间体）用 N_{235} 萃取可回收；含酚废水二甲苯萃取；重金属废水用 TBP 萃取
吹脱	曝气池、填料塔	含硫化氢（H_2S）、氢化氰（HCN）废水处理
汽提	泡罩塔、筛板塔	含酚废水、含氮（NH_3）废水处理

四、水的生物处理单元简介

水的生物处理方法是指废水进入某一人工条件下的构筑物或设备，使微生物大量繁殖，转化降解有机物，从而使水澄清的一种处理方法，它主要用于去除水中溶解性及胶体性有机物。从微生物需氧程度看，生物处理法可分为好氧法与厌氧法两大类。从工艺过程又可分为悬浮生长系统（活性污泥法，简称污泥法）和附着生长系统（生物膜法，简称膜法）。生物处理法运转费用低，处理效果好，操作简单，在城市污水与工业废水处理中得到广泛应用。

表 1-11 为厌氧法与好氧法处理过程的工艺特点。

表 1-11　生物处理方法分类

处理方法		主要类型	特征	处理对象
好氧法（O）	活性污泥法	推流曝气，完全混合型曝气，循环混合曝气	好氧菌为主，微生物（污泥）在水中呈悬浮态，供氧有鼓风及表面曝气两类	适用于中低浓度溶解及胶态有机物废水，适用于大水量
	生物膜法	生物滤池，生物转盘，生物接触氧化法	好氧及兼氧菌，微生物（膜）附着在载体上，生物滤池等自然通风供氧	适用于中低浓度溶解及胶态有机物废水，适用于中小水量
厌氧法（A）		声流式厌氧污泥床，厌氧过滤器，消化池	厌氧菌，污泥浓度高，降解速度慢，处理时间长，分解不彻底，产生能量	高浓度有机废水及污泥，屠宰废水，酿酒废水，化工废水

（一）活性污泥法

由细菌、真菌、原生动物等组成的微生物絮体叫活性污泥，它们在有氧条件下消化、降解水中有机物获得能量，自身得到繁殖而易于分离，经过沉淀从而使水得以澄清，影响活性污泥增长的因素有水中溶解氧、营养物（BOD、N、P）、pH 值、温度、有毒有害物浓度等。评价活性污泥的主要指标有混合液悬浮固体（MLSS）或污泥浓度（X）、污泥沉降比（SV）、污泥指数（SVI）等。

活性污泥法的曝气充氧过程十分重要，它保证微生物生存所需的足够的氧气，同时起搅拌作用使污泥在水中悬浮。曝气充氧的影响因素有废水的成分及性质、压力、温度等。衡量曝气设备的指标有动力效率 $O/(kW \cdot h)$ 和氧转移效率 E_A（%）或充氧能力（kg O_2/h）。各类曝气设备的特点见表 1-12。

活性污泥法的运行方式见表 1-13，活性污泥法设计及运行主要参数见表 1-14。活性污泥法是水处理中应用最广的方法之一，但体积庞大、投资高、占地大，随着研究不断深入，出现了不少新技术，表 1-15 是活性污泥新技术及其特点。

表 1-12　各类曝气设备的性能及用途

曝气设备		性能	用途
鼓风曝气	穿孔管	氧转移效率 E_A=6%～8%，动力效率 E_r=2.3～3 kg/（kW·h）	推流式曝气池
	钟罩式扩散器	氧转移效率 E_A=17%～18%，动力效率 E_r=2～2.5 kg/（kW·h）	生物接触氧化法
	水力剪切扩散	氧转移效率 E_A=10%，E_g=2～2.5（kW·h）	间歇式活性污泥法（SBR）
机械曝气	倒转型叶轮转刷	充氧效率高 E_p=3 kg/（kW·h），运行简单，管理方便，可调节	完全混合型曝气池，氧化沟

表 1-13　活性污泥法的运行方式

曝气方式	特点	工艺流程
推流曝气法	处理效果稳定；出水污泥可进入内源呼吸期，回流后吸附能力强，处理效率可达 90%～95%；需氧前高后低，供氧较难均衡	
空气完全混合法	稀释强，耐冲击负荷强，池内工况一致，污泥负荷（F/M）易于控制；加速曝气易短路，出水水质稍差，延时曝气时可保证水质，费用较高	
生物吸附法（吸附再生法）	污泥浓度高，充分利用污泥吸附能力，体积负荷大，总容小，出水水质稍差	
循环混合曝气法（氧化沟）	曝气时间长，延时曝气，处理效果好，泥龄长，具脱氮功能，流程简单，易于布置，运行方便，无污泥膨胀	
间歇式活性污泥法（SBR）	进水、曝气、沉淀在同一池内，无须另设沉淀池，好氧菌与兼氧菌同时存在，有脱氮除磷功能。出水水质好，易于调节	

表 1-14　活性污泥法主要设计参数

运行方式	BOD 负荷（kgBOD/kgMLSS·d）	MLSS/（g/L）	污泥龄/d	气水比	曝气时间/h	回流比/%	SVI	BOD 去除率/%
推流曝气法	0.2～0.4	1.5～3.0	2～4	3～7	6～8	20～30	60～120	85～95
阶段曝气法	0.2～0.4	2.0～3.0	2～4	3～7	4～6	20～30	100～200	85～95
完全混合曝气法	0.2～0.4	3.0～6.0	2～4	5～6	2～3	50～150	90～120	85～90
生物吸附法	0.2～0.6	2.0～8.0	2～4	>12	/	50～100	50～100	80～90
延时曝气法	0.02～0.03	3.0～6.0	15～30	>15	16～24	50～150	40～60	75～90
氧化沟	0.03～0.06	3.0～6.0	15～30	>15	24～48	50～300	40～60	75～90
SBR	0.1～0.2	4.0～8.0	15～40	10～15	4～6	100～150	60～100	85～95

表 1-15　活性污泥法新技术及工艺

方式	工艺
纯氧曝气法	纯氧代替空气曝气，需超微气泡扩散器，防止氧气散失
深井曝气法	利用深井水压高，使氧的溶解度大大增加
粉末炭活性污泥法	向曝气池投加粉末活性炭，利用其吸附微生物、有机物、溶解氧，形成局部高浓度，加速生化反应
两段活性污泥法（AB 法）	将生物处理中的吸附和降解两个阶段分别强化，形成 A、B 两段式处理，大大增加阶段处理效果

（二）生物膜法

生物膜法是细菌等好氧微生物附着在载体上进行生长繁殖，形成生物膜，污水通过与膜的接触，水中有机物作为营养被膜中微生物摄取分解，污水得到净化，这一过程称为生物膜法。

生物膜中既有好氧菌，也有一定量的厌氧菌及兼性菌，生物相较为丰富，因此生物膜法的有机污染物降解过程较为复杂和完全。微生物在膜上生长期长，硝化细菌等也能生长，因此，生物膜法有一定硝化脱氮功能。生物膜生长将进入内源呼吸期，且只在老化时方能脱落，因此生物膜法除水中污泥易于沉淀分离。各类生物膜法的工艺特点及应用见表 1-16。各类生物膜法的主要运行及设计参数见表 1-17。生物膜法新技术及其特点见表 1-18。

表 1-16　生物膜法的工艺特点及应用

运行方式	工艺特点	应用
普通生物滤池	工作稳定，易于管理，运行费低，负荷率低，出水水质好，占地大，卫生条件差	$Q<1\,000\ m^3/d$ 城镇污水及工业废水
高负荷生物滤池	负荷率高，处理能力大，二段回流冲刷，不易堵塞，出水水质稍差	进水 BOD<200 mg/L，$Q<1\,000\ m^3/d$ 的生活及工业废水
塔式生物滤池	容积负荷及水力负荷均高，生物膜活性好，机械通风，运行费高，塔结构复杂	进水 BOD<500 mg/L，$Q<1\,000\ m^3/d$ 的工业废水，尤其是含酚、醛、腈等废水
生物转盘	有机降解浓度高，出水 BOD<30 mg/L，运行费低，不堵塞，可除 N、P；剩余污泥少；卫生条件差	小水量；南方冬季气温高适宜；北方需在室内
生物接触氧化	鼓风曝气充氧，可调节气水比，生物相丰富；分离式性能好，但填料易堵；直流式生物膜活性好	进水 BOD<300 mg/L，各类水量均可
生物流化床	负荷率高，微生物浓度高，有机物传质好，降解能力强，无堵塞，占地省；动力消耗大	较高浓度，小水量，有机废水

表 1-17　生物膜法的主要设计及运行参数

运行方式	容积负荷率/ [kg BOD/（$m^3\cdot d$）]	水力负荷/ [m^3/（$m^3\cdot d$）]	污泥浓度/ （g/L）	其他
普通生物滤池	$0.1\sim0.2$	$1\sim4$	—	BOD 去除率 $n=95\%$
高负荷生物滤池	$0.8\sim1.2$	$10\sim40$	—	回流比 $1\sim4$ HRT$=4\sim6$ h
塔式生物滤池	$2.0\sim3.0$	$80\sim200$	—	HRT$=2\sim2.5$ h
生物转盘	表面负荷 $N_s=20\sim30$ kg BOD/（$m^3\cdot d$）	—	$1\sim2$	HRT$=0.6\sim2$ h
生物接触氧化	$N_v=1.2\sim1.4$	—	10	HRT$=2\sim4$ h
生物流化床	$N_v=7$	—	$10\sim15$	HRT$=1\sim3$ h

表 1-18　生物膜法新技术及其特点

方式	工艺	特点
曝气生物滤池	采用多孔隙陶粒或多孔塑料或其他轻质材料作生物载体的浸没式生物滤池	填料比表面积大，表面生膜量大；填料悬浮在水中，与污水中 BOD 及溶解氧接触传质好；填料表面生物膜由气流带动翻腾摩擦，表面膜易脱落，微生物活性好；溶解氧可根据需要由曝气量调节；轻质填料，动力需求小
空气驱动生物转盘	转盘由波纹板组成。转盘下侧设曝气管和扩散器	提高生物转盘水槽内溶解氧；减少生物膜厚度，微生物活性好；转速可由空气量调节。管理简单
藻类转盘	增大生物转盘间距，增大受光面，接种菌类形成菌藻共生体	菌类共生及水中溶解氧增加，从而提高有机物降解功能，并脱氮除磷

（三）厌氧生物处理法

在无氧或微氧条件下，利用厌氧菌、兼性菌分解有机物的生物处理方法称为厌氧生物处理法。该法可产出沼气、回收能源；剩余污泥少且易浓缩；运行费低；适用于高中浓度有机废水及污泥处理。厌氧生物处理的影响因素有：

① 温度：中温（33～35℃）及高温（55～58℃）。此时，消化速度快，产气率高，低温（5～15℃）消化时间长。

② 酸碱度：甲烷菌生长的 pH 值为 6.8～7.2，酸化过度对消化总过程不利，以重碳酸盐（2 000～3 000 mg/L）作缓冲剂是必要的。

③ 负荷率：以投配率表示，投配率低（负荷率低），消化完全，但池容要求大。中温消化投配效率为 6%～8%。

④ 碳氮比（C∶N）低，组成细菌氮量不足，消化液缓冲能力低，pH 值多下降；C∶N 低，则 pH 值可能大于 8，脂肪酸铵盐积累对甲烷菌亦有毒害，消化池C∶N＝（10～20）∶1 为宜。

⑤ 有毒物质重金属和芳烃及合成洗涤剂等均应有浓度限制。

常用的厌氧生物处理技术的工艺特点及流程见表 1-19，常用的厌氧生物处理技术的主要设计参数及应用条件见表 1-20。

表 1-19 各类厌氧技术的特点及工艺流程

运行方式	特点	工艺流程
厌氧接触消化池	污泥浓度较高，耐冲击负荷，运行稳定；污泥回流，防止污泥损失；需设搅拌器、脱气器，动力消耗较大；有机物去除率低	
升流式厌氧污泥床（UASB）	消化气自动搅拌悬浮污泥层，传质好，负荷率高；三相分离器分散效果好；动力省；技术稍复杂；进水悬浮物浓度不宜过高	

运行方式	特点	工艺流程
厌氧过滤器（AF）	生物膜量大，污泥龄长，负荷率高，处理效果好；装置简单，温度影响小；填料易堵塞，进水 SS 及 COD 均不宜过高	NaOH → 均质池 → 中和池 → 厌氧过滤器 → 曝气池 → 沉淀池 → 监护池 → 外排；沼气焚烧；事故池
厌氧膨胀床（AAFEB）	微生物载体，驯化，有机物接触传质好，生物膜浓度高，处理效果好，负荷率高，无堵塞，无泥流；温度影响小；动力消耗较大	高浓度有机废水 → 调节池 → EGSB 反应器 → 沉淀池；低浓度有机废水 → 综合调节池 → CASS 反应池 → 出水；污泥浓缩池 → 带式压滤机 → 泥饼外运
厌氧生物转盘	装置简单，操作管理方便；动力消耗低；生物相丰富，可处理高浓度废水	刮板轴、刮板、沼气、进料、出料、轴、生物转盘

表 1-20　各类厌氧技术的工艺参数及应用条件

方式	主要工艺参数	应用条件
厌氧接触消化池	$Z=6\sim12$ g/L，HRT=6～12 h，$N_v=2\sim6$ kg COD/$(m^3\cdot d)$，回流比2～3倍，沉淀池：上升流速 $U=0.5$ m/s，HRT=2 h	进水 SS 可高达 50 g/L，COD>3 000 mg/L；大水量；中温为宜
升流式厌氧污泥床（UASB）	$Z=60\sim80$ g/L，$N_v=10\sim30$ kg COD/$(m^3\cdot d)$	进水 SS<4 000 mg/L，COD>1 000 mg/L；中小水量
厌氧过滤器（AF）	$Z=10\sim20$ g/L，$N_v=3\sim6$ kg COD/$(m^3\cdot d)$	进水 SS<4 000 mg/L，COD>600 mg/L；中小水量
厌氧膨胀床（AAFEB）	$Z=8\sim40$ g/L，$N_v=8$ kg COD/$(m^3\cdot d)$	进水 SS<4 000 mg/L，COD>3 000 mg/L；中小水量
厌氧生物转盘	$Z=3\sim8$ g/L，$N_v=10\sim20$ kg COD/$(m^3\cdot d)$	进水 COD>3 000 mg/L；中小水量，高浓度进水，低温不宜

　　厌氧稳定塘也是一种厌氧生物处理工艺，厌氧复合床反应器是将 UASB 与厌氧流化（AFB）叠加应用，它积累微生物的能力强，容积负荷可达 20～50 kg COD/$(m^3\cdot d)$。厌氧流化床比之厌氧膨胀床，采用微粒载体，动力消耗较大，对特种难降解废水具有较好的分解效果。两相厌氧工艺是将厌氧过程的酸化与碱性消化阶

段分列在两个反应器中完成，可保证分解条件，从而提高分解速度，缩短反应时间。

(四) 生物稳定塘与污水土地处理

生物稳定塘利用天然（或人工修整）的池塘进行污水自然处理，无动力消耗，可获得达标水质。生物稳定塘的主要设计参数见表 1-21，污水土地处理及农田灌溉利用了水、肥并改良土地。常见的方式及特点见表 1-22。

表 1-21　生物稳定塘主要设计参数

设计参数	好氧塘	兼性塘	厌氧塘	曝气塘
水深/m	0.3～0.5	1.5～2	2.5～5	3～5
停留时间/d	2～6	7～30	30～50	3～8
BOD 负荷/[gBOD/（$m^3 \cdot d$）]	10～20	2～6	35～55	30～60
BOD 去除率/%	80～95	70～85	50～70	50～90
光合作用	有	有	—	—
藻类浓度/（mg/L）	>100	10～50	0	0

表 1-22　污水土地处理及农田灌溉的方式及特点

方式		特点与应用
污水土地处理	慢速渗滤	适用于水性好的砂质土壤，蒸发量小，气候湿润地区
	快速渗滤	适用于水性非常好的砂土，去除 SS、P 等特别有效
	地表漫流	地表有坡度，下游设高水渠，地表应种草
	湿地系统	利用低洼湿地及沼泽地的自然生态系统
	地下渗滤系统	少量污水，经腐化处理渗入地下，利用地下微生物降解
农田灌溉		水质应符合《农田灌溉水质标准》（GB 5084—2005）水量负荷；水稻为 9 000～12 000 m^3/（$hm^2 \cdot$ 茬）；小麦为 1 500～2 300 m^3/（$hm^2 \cdot$ 茬）；蔬菜为 750～3 000 m^3/（$hm^2 \cdot$ 茬）

第二节　城镇污水处理的介绍

一、城镇污水特征及主要污染物

（一）城镇污水的组成

城镇污水，是排入城镇排水系统污水的总称，是生活污水和工业废水的混合液，在合流制排水系统中还包括降水（降雨为主）。

（1）生活污水。水是日常生活必需的，生活污水就是人类在日常生活中所利用并被污染的水，如家庭污水（冲厕水、洗澡水、洗菜水等）、公共场所（商业、机关、学校、医院、城镇公共设施）污水等。生活污水含有较多的有机物，如蛋白质、动植物脂肪、碳水化合物、尿素和氨氮等，还含有肥皂和合成洗涤剂，以及病原菌微生物，如寄生虫和肠道传染病菌等。城镇的生活污水的水量及水质的主要影响因素有生活水平、生活习惯、卫生设备水平、气候条件等。

（2）工业废水。水也是工业的命脉，工业企业的运转、产品的生产过程就伴随着废水的产生及排放。工业领域行业众多，原材料五花八门，废水的水质及水量波动较大。同时，工业废水中多含有毒有害物质，在排入城镇排水管网系统前应该进行必要的处理并达到国家、地方排放标准，以保护城镇下水道设施不受损坏，保证城镇污水处理厂的正常运行。影响工业废水水质的主要因素有工业类型、生产工艺、生产管理水平等。

（3）降水。在地面上流泻的雨水和冰雪融化水等降水通常叫雨水，雨水的初降雨挟带着大量的污染物。对于实行分流制的城镇，雨水进行直接排放，并不进入污水处理厂进行处理，所以雨水也会对天然水体造成污染。

综上可知城镇污水组成、成分、性质比较复杂，各个城镇之间存在不同，即便是同一城镇中的不同区域也有差异。进行城镇污水处理厂设计时需要进行科学、细致的调查，进而才能确定其水质成分及特点。影响城镇污水水质的因素较多，主要为所采用的排水体制（合流制、分流制）以及所在地域生活污水与工业废水的特点及比例等。

（二）城镇污水水质

明确城镇污水的水质污染指标是评价水质污染程度、进行污水处理工程设计的基本依据。对于功能综合的城镇而言，排水系统接纳的生活污水占总污水量的

50%～65%，因此城镇污水具有生活污水的特征。城镇污水的水质随接纳的工业污水水量和工业企业生产性质的不同而有所不同，因此城镇污水也会含有一些难降解物质、有毒有机物与农药、染料等工业污染物等，一般所占比例很小，且按照国家要求，工业废水进入城镇管网系统前须经预处理，因而对城镇污水整体影响不大。具体的水质指标的概念、含义本书不做过多阐述，如需了解请查阅环境监测类相关书籍及资料。典型的城镇生活污水水质变化范围可参考表 1-23。

表 1-23　城镇生活污水水质变化范围表

序号	指标	浓度/（mg/L）			序号	指标	浓度/（mg/L）		
		高	中	低			高	中	低
1	总固体（TS）	1 200	720	350	16	可生物降解部分	750	300	200
2	溶解性总固体	850	500	250	17	溶解性	375	150	100
3	非挥发性	525	300	145	18	悬浮性	375	150	100
4	挥发性	325	200	105	19	总氮	85	40	20
5	悬浮物（SS）	350	220	200	20	有机氮	35	15	8
6	非挥发性	75	55	20	21	游离氮	50	25	12
7	挥发性	275	165	80	22	亚硝酸盐	0	0	0
8	可沉降物	20	10	5	23	硝酸盐	0	0	0
8	生化需氧量（BOD_5）	400	200	100	24	总磷	15	8	4
10	溶解性	200	100	50	25	有机磷	5	3	4
11	悬浮性	200	100	50	26	无机磷	10	5	3
12	总有机碳（TOC）	290	160	80	27	氯化物（Cl^-）	200	100	60
13	化学需氧量（COD）	1 000	400	250	28	碱度（$CaCO_3$）	200	100	50
14	溶解性	460	150	100	29	油脂	150	100	50
15	悬浮性	600	250	150					

（三）城镇污水排放标准

污水排放标准可以分为国家排放标准、行业排放标准和地方排放标准。

（1）国家排放标准。国家排放标准按照污水排放去向，规定了水污染物最高允许排放浓度，适用于排污单位水污染物的排放管理，以及建设项目的环境影响评价、建设项目环境保护设施设计、竣工验收及其投产后的排放管理。我国现行的国家排放标准主要有《污水综合排放标准》（GB 8978—1996）、《城镇污水处理厂污染物排放标准》（GB 18918—2002）、《污水排入城镇下水道水质标准》（CJ 343—2010）、《污水海洋处置工程污染控制标准》（GB 18486—2001）等。

（2）行业排放标准。根据部分行业排放废水的特点和处理技术发展水平，国家对部分行业制定了国家行业排放标准，如《纺织染整工业水污染物排放标准》（GB 4287—2012）、《制浆造纸工业水污染物排放标准》（GB 3544—2008）、《合成氨工业水污染物排放标准》（GB 13458—2013）、《钢铁工业水污染物排放标准》（GB 13456—2012）等。

（3）地方排放标准。省、直辖市等根据经济发展水平和管辖地水体污染控制需要，可以根据《中华人民共和国环境保护法》、《中华人民共和国水污染防治法》制定地方污水排放标准，如《上海市污水综合排放标准》（DB 31/199—2009）、《天津市污水综合排放标准》（DB 12/356—2008）、《辽宁省污水综合排放标准》（DB 21/1627—2008）、《山东省半岛流域水污染物综合排放标准》（DB 37/676—2007）、《广东省电镀水污染物排放标准》（GB 44/1597—2015）等。

地方污水排放标准可以增加污染物控制指标数，但不能减少；可以提高对污染物排放标准的要求，但不能降低标准。

二、污染物的处理方法

城镇污水中污染物的去除，大体上分成物理处理、物理化学处理、化学处理、生物处理 4 类处理方法，典型单元工艺、去除对象及适用范围如表 1-24 所示（部分单元工艺阐述详见后续内容）。

表 1-24 典型单元工艺、去除对象及适用范围表

分类	污水处理与利用的单元工艺		去除对象	适用范围
物理法	均和调节		使水质、水量均衡	预处理
	重力分离法	沉淀	可沉物质	预处理
		隔油	颗粒较大的油珠	预处理
		气浮（浮选）	密度近于污水的悬浮物	中间处理
	离心分离法	水力旋流器	密度大的悬浮物，如砂石、铁屑	预处理
		离心机	乳化油、纤维、纸浆、晶体等	中间处理
	过滤	格栅	粗大的杂物	预处理
		砂滤	悬浮物、乳化油	中间或最终处理
		微滤机	极细小悬浮物	最终处理
		反渗透、超滤	某些分子、离子等	最终处理
	热处理	蒸发	高浓度酸、碱废液	最终处理
		结晶	可结晶物质，如盐类	最终处理
	磁分离		弱磁性极细颗粒	最终处理

分类	污水处理与利用的单元工艺		去除对象	适用范围
化学法	投药法	混凝	胶体、乳化油	中间处理
		中和	酸、碱	中间或最终处理
		氧化还原	溶解性有害物质,如氰化物、硫化物	最终处理
		化学沉淀	重金属离子等	最终处理
物理化学处理法	传质法	汽提	溶解性挥发性物质,如一元酚、氨等	中间处理
		吹脱	溶解性气体,如 H_2S、CO_2	中间处理
		萃取	溶解性物质	中间处理
		吸附	溶解性物质,如酚、汞	最终处理
		离子交换	可离解物质、盐类物质	最终处理
		电渗析		最终处理
生物法	自然生物处理	土地处理	胶状和溶解性有机物	最终处理
		稳定塘		最终处理
	人工生物法	生物膜		最终处理
		活性污泥法		最终处理
深度处理	化学处理	混凝沉淀	剩余的悬浮物	最终处理
	物理处理	过滤	胶状和溶解性有机物	最终处理

选择废水处理方法前,必须了解废水中污染物的状态,一般污染物在废水中处于悬浮、胶体和溶解三种状态,根据它们粒径的大小来划分,悬浮物粒径为 1～100 μm,胶体粒径为 1 nm～1 μm,溶解物粒径小于 1 nm。一般来说,易处理的污染物是悬浮物,而胶体和溶解物较难处理。悬浮物经过沉淀、过滤等与水分离,而胶体和溶解物则必须利用特殊的物质使之凝聚或通过化学反应使其粒径增大到悬浮物的程度,或利用微生物通过特殊的膜等将其分离或分解。水中的溶解性物质如 BOD、COD 等则主要靠生物法进行处理。

三、城镇污水工艺选择要点

因城镇污水中污染物众多,单靠某一类方法或单元工艺无法实现污染物的去除及污水的达标排放或回用。这就需要针对污水水质及排放标准有针对性地选择单元工艺并进行科学的串联组合使用,即形成完整的污水处理系统。

污水处理系统就是处理和利用污水的一系列处理构筑物（或设备）及附属构筑物的综合体系。污水处理系统或设施可以按污水来源、设施功能、对水的处理程度来划分，污水处理系统应按污水处理后达标排放，或对处理后污水和污泥加以利用的要求来进行设置，系统方案的确定应做到工艺技术先进可靠、工程投资经济合理、运行管理方便且费用低。

污水处理系统可分为一级处理系统、二级处理系统、三级处理系统和污泥的处理与处置系统。

（1）污水一级处理系统。一级处理系统主要分离水中的悬浮固体物、胶状物、浮油或重油等，可以采用水质水量调节、沉淀、上浮、隔油等方法。

（2）污水二级处理系统。城镇污水的二级处理又称生物处理，就是利用微生物的生命活动，将污水中呈溶解和胶体状态的有机污染物进行降解并转化为稳定无害的无机物，使污水得以净化。一般是由生物处理构筑物或设备与二次沉淀池组成，它的主要作用是通过微生物的新陈代谢去除污水中呈胶体和溶解状态的有机污染物。生物处理通常为活性污泥法或生物膜法。

（3）污水三级处理系统。污水的三级处理又称污水深度处理或高级处理，主要是去除生物难降解的有机污染物和废水中溶解的无机污染物，常用的方法有活性炭吸附和化学氧化，也可以采用离子交换或膜分离技术等。完善的三级处理由除磷、除氮、除有机物（主要是难以生物降解的有机物）、除病毒和病原菌、除悬浮物和矿物质等单元过程组成。

（4）污泥的处理与处置系统。污泥的处理和污泥最终处置系统主要包括浓缩、消化、脱水、堆肥或农用填埋。

污水处理工艺的选择是指对各单元处理技术的优化组合，它受到多种因素的制约，主要需考虑的影响因素有：① 尾水的最终用途和排放标准的要求；② 进水水质和水量的情况；③ 可供利用的处理场地和周边环境条件；④ 工程投资和处理成本。

工艺确定前一般都要经过周密的调查研究和经济技术比较。典型城镇污水处理工艺如图 1-7 与图 1-8 所示。

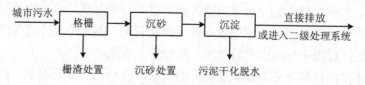

图 1-7 典型的一级处理工艺流程

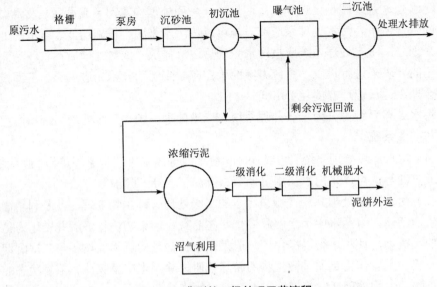

图 1-8 典型的二级处理工艺流程

由于我国执行的排放标准日趋严格，城镇污水处理厂的工艺流程已经由二级处理延伸至三级处理，并且脱氮除磷的要求较以往严格许多。

第三节 工业废水处理的介绍

一、工业废水污染物特征与水质标准

（一）工业废水的来源与分类

1．废水的来源

在生产过程中，几乎所有的工矿企业都要利用水。它既可以用作生产的原料，也可用作溶剂、洗涤剂、冷却介质或传送介质。然而，经过使用后的水，往往只消耗掉一小部分，其余的大部分则通过使用而改变了水质，或是混进了各种各样的杂质，或是升高了温度，不能或不宜再继续利用，不得不废弃或排放。这种从工矿企业生产过程中排放出来的废水，统称为工业废水。

工业废水的性质千差万别。不同类的工业产生不同性质的废水；即使是同类的工业，若是采用的生产过程或生产工艺条件不同，产生的废水性质也不相同；而且，同一来源的废水成分也不是固定不变的，会因随时间或随季节的变化可能有很大的差别。影响工业废水所含污染物的主要因素有：生产过程中所用的原料和材料；生产中的工艺过程；设备结构与条件；生产用水的水质与水量等。

2. 废水的分类

工业废水的成分是非常复杂的，每一种工业废水都是多种杂质和若干项污染物指标的综合体系。人们往往以其中起主导作用的一两项污染因素来描述和进行分类。

根据污染物的来源、产生的方式、特性和形态的不同，分类的方法也不相同。

（1）按工业废水的污染性质和危害的程度，一般分为两大类：

第一类，生产废水。它是直接从生产过程中排放的工业废水。如排放自生产的工艺过程、洗涤过程、冲洗设备和车间地板的废水。水在使用过程中与原材料、药剂、设备、半成品或成品直接接触，废水中挟带着大量的杂质或污染物。这类废水的污染较严重，危害也较大，是水污染防治的主要对象。

第二类，洁净废水。主要来自工业企业中的间接冷却水系统，在使用过程中未直接接触上述的物质，其水质相对洁净，只是水温略有升高。这类废水应当尽量进行循环使用，或通过逐级用水达到一水多用的目的。

（2）按工业废水所含污染物的成分，可分为下列三类：

第一类，主要是含无机污染物的废水，包括冶金、建材等工业排出的废水，无机酸、漂白粉制造等部分化学工业废水。

第二类，主要是含有机污染物的废水，包括食品、塑料、毛皮、炼油和石油化工等工业废水。

第三类，是既含有大量有机污染物又含有大量无机污染物的废水，包括炼焦化学、煤气发生业、氮肥、合成橡胶、制药以及轻工业中的洗毛、人造纤维和皮革工业的废水等。

（3）按耗氧和有毒两项影响最深的污染指标，同时结合杂质的本质区分，工业废水又可分为无机和有机两大类型，以及划分为无毒无害、无机有害、无机有毒、有机有毒和有机耗氧五种。

（4）在长期处理工业废水的过程中，把主体污染物与所要采取的处理方法结合起来进行分类，则更为方便。按此原则通常将工业废水分为四大类：

第一类，含悬浮物和含油的废水。这类废水主要是湿法除尘水、煤气洗涤水、选煤洗涤水、轧钢废水等。处理的方法多采用自然沉淀、混凝沉淀、压气浮选和过滤等方法进行净化。经过处理以后，水还可以循环使用。

第二类，含无机溶解物的工业废水。这类废水包括酸洗废水、矿山酸性废水、有色冶金废水和电镀废水等。它是一种以含酸、碱和重金属离子为主的废水，毒害大，处理方法也复杂。但首先应考虑尽可能地从废水中回收有用物质，以便实现化害为利。通常，这类废水多采用物理化学方法进行处理。

第三类，含有机污染物的工业废水。这类废水包括造纸黑液、印染废水、石油化工废水和焦化废水等。废水既耗氧又有毒，多采用物理化学和生物化学相结合的方法加以净化。

第四类，冷却用水。工业的冷却用水占用水量的三分之二以上。直接排放或以低循环率加以利用，既造成受纳水体的热污染，也使生产成本增加。必须考虑提高冷却水的循环利用率，把外排的水量减少到最低限度。

表 1-25 列出了一些主要工业生产过程中所排放的废水，以及废水中所含的有害物质。

表 1-25 主要工业废水污染物情况一览表

工业废水分类名称		废水中所含主要有害物	废水排放主要来源	废水可能造成的主要危害
化学工业废水	制碱工业废水	汞、液氯、盐酸、氯化钙及氯化钠等	制碱厂的反应过程，洗涤、漂白、蒸馏、抽提及冷却水等	可使人中毒，感到头痛、头晕、乏力，甚至出现记忆力减退、易出汗、性情急躁等症状
	制酸工业废水	酸性废水、砷等、酸性氟化物等；氢氰酸；氰化钠等	硫酸制造厂；磷酸制造厂；氢氰酸制造厂（具体来源同上）	有刺激作用；引起化学性灼伤；引起中毒，症状是头痛、乏力、失眠、胸部有压迫感、动作迟钝等
	合成氨工业废水	氨、酚、碳酸氢铵等	合成氨制造厂及使用单位	可使人出现头痛、恶心、食欲不振等症状
	乙烯生产废水	酚、苛性钠及硫化钠	有机物合成工厂	可使人记忆力减退，并出现弱麻醉作用
	丙烯腈生产废水	乙腈及氢氰酸等	丙烯腈制造工厂与使用工厂	引起人的头痛、失眠、乏力，并对鱼类危害较大
	苯酚生产废水	酚	制造苯酚工厂及使用单位，如炸药、肥料、塑料、橡胶、纺织等工业企业排放的废水	对人呈中毒状，出现头痛、头晕、失眠、恶心等症状
	合成洗涤剂废水	磷	洗涤剂制造厂排水及工业用洗涤剂清洗废水、洗衣废水等	恶化水质，使水域发臭，严重者出现"红潮"
	尿素生产废水	氨、尿素及二氧化碳等	尿素生产厂及使用工厂废水	对水生生物有不良影响
	塑料制造生产废水	乙醇、苯、苯胺、苯酚、氯乙醇、乙醛、硒等	生产塑料的工厂在洗涤、漂白、蒸馏与冷却过程中排放大量废水	可使人头痛、头晕、乏力、气短等

工业废水分类名称		废水中所含主要有害物	废水排放主要来源	废水可能造成的主要危害
化学工业废水	有机磷农药废水	敌敌畏、敌百虫、乐果等	农药制造厂与使用废水	主要症状是疲乏无力、头痛、食欲不振、肢体酸痛、震颤与贫血等
	有机氯农药废水	滴滴涕、六六六、氯丹、狄氏剂等	农药制造厂与农药容器回收站，某些用农药灭虫消毒的纺织厂排放废水	皮肤刺激、恶心、全身不适、易出汗
	有机汞农药废水	西历生、赛力散、谷仁乐生等	同"有机氯农药"	皮肤刺激、恶心、全身不适、易出汗
电器制造废水	多氯联苯废水	多氯联苯	多氯联苯制造厂、为变压器、电容器做绝缘油的电器工业废水	引起皮肤刺激，并伴随有嗜睡、头晕、乏力、食欲不振及恶心等发生，可致鱼类中毒
	酚醛树脂废水	苯酚、甲醛	生产工厂	主要危害是使人头痛、乏力、记忆力减退、皮炎及皮肤瘙痒等。对水域有危害，可使鱼类、水生生物中毒
	环氧树脂废水	二酚基丙烷、环氧氯丙烷	环氧树脂生产厂及电器、无线电、造船等工业排出的废水	主要发生接触性皮炎、湿疹，伴有头痛、乏力等症状
石油工业废水		多环芳烃、镍、苯、二甲苯、甲酚、硫酸、乙硫醇、丁硫醇、丙烯醛等	石油工业废水及油轮漏油，油井事故等	油污染对幼鱼危害明显，出现死亡。炼油废水含 3,4-苯并芘，被认为是致癌物
轻工业废水	工业造纸废水	硫化物、木质素、糖类、铬、硫醇等	纸浆生产与造纸生产废水，即冲洗、蒸煮、漂白等废水	使水域发臭、恶化水质、造成鱼贝类减产。可引起人恶心、头痛等不快感觉
	制革工业废水	含大量营养物及部分细菌等	制革厂的生皮浸泡、鞣皮等废水	能消耗水中氧，使水域发臭、变质，影响鱼贝类生长
纺织印染废水		苯、二甲苯、硝基苯、甲酚、甲醇、乙二醇、乙硫醇及铬、镍、硒、铊、硫化物等	纺织厂、印染厂、针织厂、缫丝厂、毛毡厂、织毯厂、染色厂、纤维材料制造厂等	恶化水质，水体发出恶臭，危害鱼贝类生长，对环境污染很大，某些情况下威胁人体健康
食品工业废水		含大量的需氧废弃物、杀菌剂、漂白剂等	肉类制造厂、乳品厂、制糖厂、面包厂、酿酒厂、饮料厂、调料厂、食用油厂、淀粉厂、豆制品厂、菜类加工厂等蒸煮、脱臭废水	可构成对水源的严重威胁，恶化水质，传播病菌，影响与危害人类生活及身体健康

工业废水 分类名称		废水中所含 主要有害物	废水排放主要来源	废水可能造成的主要危害
电镀工业废水	镀铬	主要是铬及其化合物	镀铬废水，包括电解熔融、酸碱洗涤	使人头痛、消瘦、引起皮炎，有致癌可能，而且可使鱼贝类中毒或死亡
	镀镍	镍与硫酸镍	镀镍厂	可引起"镍氧症"，同时影响鱼贝类和农作物生长
	镀镉	镉与镉化物	镀镉废水	主要危害是造成鱼贝类中毒，影响农作物生长，可间接作用于人，患"骨痛病"
冶金工业废水	钢铁工业废水	有害成分有硫酸盐、酚、锌、氰化物等	焦炭、生铁、合金制造、镀锌钢板等生产工厂	污染水域、危害健康
	有色金属冶金废水	锌、铅、砷、镉、锰、铬、氟、氰化物及硫酸根等	各种有色、稀有金属冶炼工厂的冷却水、洗涤水等	
采矿废水	黑色金属矿开采	含铬、锰、铅等不同金属成分和硫化物	铁矿石开采废水	
	有色金属开采	铜、锌、铅、镉、锰等各种有色金属	各种有色金属矿的开采、选矿与尾矿工业开采废水	主要引起人的头痛、头晕、四肢酸痛
含热废水		含热废水以及含热废水所携带的苯、氰化物等	电站、发电厂、化工、纸浆、纺织、印染、缫丝、焦化、冶炼以及热处理等	造成热污染，使水体升温，危及鱼贝类生存
放射物质废水		铀、镭、钍及重铀酸铵、硝酸铀酰、硝酸钍、氧化铀等	放射物质矿的开采与加工，生产与使用放射物质的工厂，热核电站及高速粒子加速器，化纤杀菌	有可能引起慢性放射危害
致癌物质废水	含有芳香氨基化合物废水	联苯胺、金胺、β-萘胺、二苯胺、洋红等	芳香氨基化合物制造厂，以及纺织、印染、火药、橡胶、染料等使用厂	可能引起膀胱癌或子宫癌
	亚硝胺类化合物废水	如二甲基二硝胺、N-亚硝基吗啉等	制造厂（化工）及使用厂（纺织）	
	含某些致癌的金属和其他物质	如含有镍、铬、汞、砷、铍、钴、苯、锌等	相应生产制造与使用单位所排放的废水	可能致癌

（二）工业废水中的污染物与危害

水污染是我国面临的主要环境问题之一。随着我国工业的发展，工业废水的排放量日益增加，达不到排放标准的工业废水排入水体后，会污染地表水和地下水。水体一旦受到污染，要想在短时间内恢复到原来的状态是不容易的。水体受到污染后，不仅会使其水质不符合饮用水、渔业用水的标准，还会使地下水中的化学有害物质含量和硬度增加，影响地下水的利用。我国的水资源并不丰富，若按人口平均占有径流量计算，只相当于世界人均值的四分之一。而地表水和地下水的污染，将进一步使可供利用的水资源数量日益减少，势必影响工农渔业生产，直接或间接地给人民生活和身体健康带来危害。

任何物质以不恰当的种类、数量、浓度、形态、价态、途径或速率进入水体环境都有产生污染的可能性。各种物质的污染程度虽有差别，但超过某一浓度后会产生危害。

（1）含无毒物质的有机废水和无机废水的污染。有些污染物质本身虽无毒性，但由于量大或浓度高而对水体有害。例如排入水体的有机物，超过允许量时，水体会出现厌氧腐败现象；大量的无机物流入时，会使水体内盐类浓度增高，造成渗透压改变，对生物（动植物和微生物）造成不良的影响。

（2）含有毒物质的有机废水和无机废水的污染。例如含氰、酚等急性有毒物质、重金属等慢性有毒物质及致癌物质等造成的污染。中毒方式有接触中毒（主要是神经中毒）、食物中毒、糜烂性毒害等。

（3）含有大量不溶性悬浮物废水的污染。例如，纸浆、纤维工业等的纤维素，选煤、选矿等排放的微细粉尘，陶瓷、采石工业排出的灰砂等。这些物质沉积水底有的形成"毒泥"，发生毒害事件的例子很多。如果是有机物，则会发生腐败，使水体呈厌氧状态。这些物质在水中还会阻塞鱼类的鳃，导致其呼吸困难，并破坏产卵场所。

（4）含油废水产生的污染。油漂浮在水面既有损美观，又会散发出令人厌恶的气味。燃点低的油类还有引起火灾的危险。动植物油脂具有腐败性，消耗水体中的溶解氧。

（5）含高浊度和高色度废水产生的污染。引起光通量不足，影响生物的生长繁殖。

（6）酸碱类及无机盐的污染。天然水体中存在着各种无机盐类，但因其含量低并不构成污染。然而，某些工矿企业排出的废水中，酸、碱和无机盐类的含量很高，排至水体则会造成不良的影响，进而形成了污染。主要的污染形式有以下三种：

①酸碱性污染。水的酸碱性质以 pH 值表示，一般认为水体的 pH 值应保持在 6.5～8.5 之间。工业废水排放时，容许的 pH 值则为 6.0～9.0。事实上，很多工业废水都呈强酸性或强碱性，排入水体后会使其 pH 值发生变化，破坏了水体的水质和水体的自然缓冲作用；抑制或消灭水体中细菌和微生物的生长；削弱了水体的自净能力；水体逐渐酸化或碱化，影响了工农业和生活用水的水质，甚至危及鱼类及水生动植物的生命，对生态产生极为严重的影响。

②营养物的污染。氮、磷等无机元素对人类无害，它们是植物生长所必需的营养。若水体中氮和磷的浓度达到一定值后，会引起水生生物特别是藻类的大量繁殖，因而会使鱼类的生活空间越来越小。藻类死亡后会被微生物分解，不断消耗水体中的溶解氧，使水质逐渐恶化，从而导致水体中鱼类等生物不能生存。而且，藻类死亡后释放出来的氮、磷等物质又会促使新生藻类的繁殖，更加速了水体的富营养化进程，致使水体很难再恢复到正常状况。同时，死亡的藻类沉入水体且逐渐堆积起来，还会使水体渐渐成为沼泽。特别是在湖泊、河口和海湾等水流流动缓慢的水体中，营养物污染往往是严重的威胁。

③增加水的硬度。酸性或碱性废水，促使地表物质的相互作用，能生成一般的无机盐类。含无机盐类过多的废水排入水体后会使水的硬度增加。这对某些地区，尤其是对地下水的影响非常明显。水硬度的增加，会造成工业、农业和生活用水的许多麻烦。

(三) 排放标准

排放标准就是对水中污染物或其他物质的最大容许浓度或最小容许浓度所作的规定，可分为国家标准及行业标准。国家标准有：污水综合排放标准（GB 8978—1996）、城镇污水处理厂污染物排放标准（GB 18918—2002）等。行业标准有：纺织染整工业水污染物排放标准（GB 4287—2012）、制浆造纸工业水污染物排放标准（GB 3544—2008）等。

对于污染物排放标准，在执行关系上，国家综合排放标准和国家行业排放标准不交叉执行，即有行业标准的污染源优先执行行业排放标准，其他污染源执行综合排放标准。

根据《环境保护法》和《水污染防治法》的规定，地方省级人民政府可以制定严于国家水污染物排放标准的地方标准，或对国家水污染物排放标准中未作规定的项目进行补充，有地方标准的优先执行地方标准。

在地方综合排放标准和国家行业排放标准执行关系上，若地方综合排放标准规定的适用范围包括污染源所属的行业，应执行地方综合排放标准，若不包括，则应执行国家行业污染物排放标准。

二、工业废水中污染物的基本处理方法

对工业废水的污染源进行控制，可以大幅度地减少废水的排放数量，降低废水中污染物质的浓度，但往往不能杜绝工业废水的排放，或者还不能使其中污染物质的浓度达到所需要的排放标准。废水排放的最终出路，一般多是水体，通常废水在排入水体之前，都必须进行适当的净化和处理。这是一个十分重要的不可缺少的环节。

（一）废水处理方法的分类

向水体排放废水，排放之前需要处理到什么程度，是选择废水处理方法的重要依据。在确定处理程度的时候，首先应考虑如何才能够防止水体受到污染，必须保证不发生公害，同时也要适当地考虑到水体的自净能力。通常采用有害物质和溶解氧两个指标来确定水体的允许负荷，即确定废水排入水体时的容许浓度，然后再进一步确定废水在排入水体前所需要的处理程度，并选择适当的处理方法。

1．按处理程度

废水处理，按处理程度的要求，一般划分为一级处理、二级处理和三级处理三个阶段。

（1）一级处理。主要是预处理。用机械方法或简单的化学方法，使废水中的悬浮态和胶体态物质沉淀下来，以及初步中和酸碱度等。

（2）二级处理。主要是指好氧性生物处理，用来降解溶解性的有机污染物。一般能够去除90%左右的可被生物分解的有机物，90%～95%的固体悬浮物以及80%～95% BOD。二级处理可以大大的改善水质，甚至可使出水达到排放标准。生物处理的基建费用，按每天处理 10 m³ 计，为 600 多元；通常运行的电费，可按每天去除 1 kg BOD 的耗电考虑。

（3）三级处理。三级处理又称深度处理，只有在特殊要求时方才采用。它是将二级处理后的污水，再用物理化学技术进一步进行处理，以便去除可溶性的无机物，去除不能分解的有机物，去除各种病毒、病原菌、磷、氮和其他物质，最后达到地面水、工业用水或接近生活用水的水质标准。

废水的处理程度，决定于处理后污水的出路和欲利用的情况。若废水用作灌溉和纳入城市污水的下水管道，一般着眼于一级处理和预处理。若废水就近排入水体，应根据水体的不同要求，决定其处理程度，并应考虑到近期与远期的具体

情况，分期实施。

2. 按处理方法原理

工业废水处理与利用的基本方法，通常分为物理法、化学法、物理化学法和生物法四大类。

（1）物理处理法。这是最基本最常用的一类净化处理工业废水的技术，常用作废水的一级处理或预处理。它既可作为独立的处理方法应用，也可用作化学处理法、生物处理法的预处理方法，甚至成为这些方法不可分割的一个组成部分。有时，也是三级处理时的一种预处理手段。物理处理法主要是用来分离或回收废水中的悬浮性物质，它在处理的过程中不改变污染物质的组成和化学性质。常用的物理处理方法有：均和调节、沉淀、隔油、气浮（浮选）、离心分离法、过滤、热处理、磁分离等。一般情况下，物理处理法所需的投资和运行费用较低，故常被优先考虑和采用。然而，对于大多数的工业废水来说，单纯依靠物理方法净化，往往不能达到理想的处理结果，还需要与其他的处理方法配合使用。

（2）化学处理法。主要是利用化学反应来分离或回收废水中的胶体物质、溶解性物质等污染物，以达到回收有用物质、降低废水中的酸碱度、去除金属离子、氧化某些有机物等目的。这种处理方法既可使污染物质与水分离，也能够改变污染物的性质，因此可以达到比简单的物理处理方法更高的净化程度。常用的化学处理方法有：化学沉淀法、混凝法、中和法、氧化还原法等。由于化学处理法常需采用化学药剂或材料，故处理费用较高，运行管理的要求也较严格。通常，化学处理法还需与物理处理法配合起来使用。如用化学法处理之前，往往需要用沉淀和过滤等手段作为前处理；在某些场合下，又需要采用沉淀和过滤等物理处理手段作为化学处理法的后处理等。

（3）物理化学处理法。在工业废水的回收处理过程中，利用经常遇到的污染性物质由一相转移到另一相的过程，即传质过程来分离废水中的溶解性物质，回收其中的有用成分，以使废水得到深度处理。尤其当需要从废水中回收某种特定的物质时，或是当工业废水有毒、有害，且不易被微生物降解时，采用物理化学处理方法最为相宜。常用的物理化学处理法有：吸附法、萃取法、电解法和膜分离法等。

（4）生物处理法。这种方法是利用自然界存在的大量微生物具有氧化分解有机物，并将其转化为无机物的功能，采取一定的人工措施，创造出有利于微生物生长繁殖的环境，使其大量繁殖，以提高分解氧化有机物的效率。实践表明，利用微生物处理工业废水中的有机物，具有效率高、运行费用低、分解后的污泥可用作肥料等优点。生物处理法主要用来去除废水中溶解的或胶体状的有机污染物质。常用的生物处理方法有：好氧的活性污泥法、生物膜法、厌氧的消化池法等。

（二）工业废水处理方法的选择

选择废水处理方法前，必须了解废水中污染物的形态。一般污染物在废水中处于悬浮、胶体和溶解三种形态。通常根据它们粒径的大小来划分。悬浮物粒径为 $1 \sim 100\ \mu m$，胶体粒径为 $1\ nm \sim 1\ \mu m$，溶解物粒径小于 $1\ nm$。一般来说，易处理的污染物是悬浮物，而胶体和溶解物则较难处理。悬浮物可通过沉淀、过滤等与水分离，而胶体和溶解物则必须利用特殊的方法使之凝聚或使其粒径增大到悬浮物的程度，或利用微生物或特殊的膜等将其分解或分离。

1. 废水处理方法的确定

（1）有机废水。

① 含悬浮物时，用滤纸过滤，测定滤液的 BOD_5、COD。若滤液中的 BOD_5、COD 均在要求值以下，这种废水可采取物理处理方法，在悬浮物去除的同时，也能将 BOD_5、COD 一道去除。

② 若滤液中的 BOD_5、COD 高于要求值，则需考虑采用生物处理方法。进行生物处理试验时，确定能否将 BOD_5 与 COD 同时去除。好氧生物处理法去除废水中的 BOD_5 和 COD，由于工艺成熟，效率高且稳定，所以获得十分广泛的应用，但由于需供氧，故耗电较高。为了节能并回收沼气，常采用厌氧法去除 BOD 和 COD，特别是处理高浓度 BOD_5 和 COD 废水比较适合（$BOD_5 > 1\ 000\ mg/L$），现在也将厌氧法用于低 BOD、COD 废水的处理，亦获得成功。但是，从去除效率看，BOD_5 去除率不一定高，而 COD 去除率反而高些。这是由于难降解的 COD，经厌氧处理后转化为容易生物降解的 COD，使高分子有机物转化为低分子有机物。对于某些工业废水也存在此种现象。如仅用好氧生物处理法处理焦化厂含酚废水，出水 COD 往往保持在 $400 \sim 500\ mg/L$，很难继续降低。如果采用厌氧法作为第一级，再串以第二级好氧法，就可使出水 COD 下降到 $100 \sim 150\ mg/L$。因此，厌氧法常常用于含难降解污染物工业废水的处理。

③ 若经生物处理后 COD 不能降低到排放标准时，就要考虑采用深度处理。

（2）无机废水。

含悬浮物时，需进行沉淀试验，若在常规的静置时间内达到排放标准时，这种废水可采用自然沉淀法处理。若在规定的静置时间内达不到要求值时，则需进行混凝沉淀试验。当悬浮物去除后，废水中仍含有有害物质时，可考虑采用调节 pH 值、化学沉淀、氧化还原等化学方法。对上述方法仍不能去除的溶解性物质，为了进一步去除，可考虑采用吸附、离子交换等深度处理方法。

（3）含油废水。

首先做静置上浮试验分离浮油，再进行分离乳化油的试验。

（三）工业废水处理简要介绍

1．工业废水处理系统设计原则

废水处理的一般原则（废水处理工艺方案的选择原则）：① 工艺设计坚持科学可靠（可借鉴同类废水处理的工程实践经验），技术上力求先进，管理方便，操作简单，无二次污染，维护量少，可靠程度高；② 废水经处理后达标排放，减轻对受纳水体污染，力求以最少的投入获得最大的社会效益、经济效益和环境效益；③ 尽量减少污泥的产生量，力求在系统内消化污泥，以减少污泥处理的投资及运行费用；④ 尽量采用先进可靠的自动化控制系统，提高污水处理厂管理水平，减少工人的劳动强度；⑤ 根据废水水质、水量及其变化规律来确定设计参数，并确保计算过程尽量准确、详细；⑥ 在确定工艺设备时，力求做到质优可靠、管理方便、操作容易，并使投资、运行费用较低；⑦ 图纸的绘制与计算书的撰写格式应满足各项要求。

2．主要工业废水特点与处理方法

工业废水分类方法通常有以下三种：第一种是按工业废水中所含主要污染物的化学性质分类，含无机污染物为主的为无机废水，含有机污染物为主的为有机废水。例如电镀废水和矿物加工过程的废水，是无机废水；食品或石油加工过程的废水，是有机废水。第二种是按工业企业的产品和加工对象分类，如冶金废水、造纸废水、炼焦煤气废水、金属酸洗废水、化学肥料废水、纺织印染废水、染料废水、制革废水、农药废水、电站废水等。第三种是按废水中所含污染物的主要成分分类，如酸性废水、碱性废水、含氰废水、含铬废水、含镉废水、含汞废水、含酚废水、含醛废水、含油废水、含硫废水、含有机磷废水和放射性废水等。前两种分类法不涉及废水中所含污染物的主要成分，也不能表明废水的危害性。第三种分类法，明确地指出废水中主要污染物的成分，能表明废水一定的危害性。

（1）造纸工业废水处理。

造纸废水主要来自造纸工业生产中的制浆和抄纸两个生产过程。制浆是把植物原料中的纤维分离出来，制成浆料，再经漂白。抄纸是把浆料稀释、成型、压榨、烘干，制成纸张。这两项工艺都排出大量废水。制浆产生的废水，污染最为严重。洗浆时排出的废水呈黑褐色，称为黑水，黑水中污染物浓度很高，BOD 高达 5～40 g/L，并含有大量纤维、无机盐和色素。漂白工序排出的废水也含有大量的酸碱物质。抄纸机排出的废水称为白水，其中含有大量纤维和在生产过程中添

加的填料和胶料。造纸工业废水的处理应着重于提高循环用水率，减少用水量和废水排放量，同时也应积极探索各种可靠、经济和能够充分利用废水中有用资源的处理方法。例如浮选法可回收白水中纤维性固体物质，回收率可达 95%，澄清水可回用；燃烧法可回收黑水中的烧碱、硫化钠、硫酸钠以及同有机物结合的其他钠盐。中和法调节废水 pH 值；混凝沉淀或浮选法可去除废水中悬浮固体；化学沉淀法可脱色；生物处理法可去除 BOD，对牛皮纸废水较有效；湿式氧化法处理亚硫酸纸浆废水较为成功。此外，国内外也常采用反渗透、超过滤、电渗析等处理方法。

（2）印染工业废水处理。

印染工业用水量大，通常每印染加工 1 t 纺织品耗水 100～200 t，其中 80%～90%以印染废水排出。常用的处理方法有回收利用和无害化处理。回收利用：① 废水可按水质特点分别回收利用，如漂白煮炼废水和染色印花废水的分流。一水多用，减少排放量。② 碱液回收利用，通常采用蒸发法回收。③ 染料回收。

无害化处理可分：① 物理处理法有沉淀法和吸附法等。沉淀法主要去除废水中悬浮物；吸附法主要是去除废水中溶解的污染物和脱色。② 化学处理法有中和法、混凝法和氧化法等。中和法在于调节废水中的酸碱度，还可降低废水的色度；混凝法在于去除废水中分散染料和胶体物质；氧化法在于氧化废水中还原性物质，使硫化染料和还原染料沉淀下来。③ 生物处理法有活性污泥、生物转盘、生物接触氧化法等。为了提高出水水质，达到排放标准或回收要求往往需要采用几种方法联合处理。

（3）食品工业废水污染特点及其处理方法。

食品工业原料广泛，制品种类繁多，排出废水的水量、水质差异很大。废水中主要污染物有：① 漂浮在废水中的固体物质，如菜叶、果皮、碎肉、禽羽等；② 悬浮在废水中的物质有油脂、蛋白质、淀粉、胶体物质等；③ 溶解在废水中的酸、碱、盐、糖类等；④ 原料挟带的泥沙及其他有机物等；⑤ 致病菌毒等。食品工业废水的特点是有机物质和悬浮物含量高、易腐败，一般无大的毒性。其危害主要是使水体富营养化，以致引起水生动物和鱼类死亡，促使水底沉积的有机物产生臭味，恶化水质、污染环境。

食品工业废水处理除按水质特点进行适当预处理外，一般均宜采用生物处理。如对出水水质要求很高或因废水中有机物含量很高，可采用两级曝气池或两级生物滤池，或多级生物转盘或联合使用两种生物处理装置，也可采用厌氧—需氧串联的生物处理系统。

（4）冶金废水处理及发展趋势。

冶金废水的主要特点是水量大、种类多、水质复杂多变。按废水来源和特点分类，主要有冷却水、酸洗废水、洗涤废水（除尘、煤气或烟气）、冲渣废水、炼焦废水以及由生产中凝结、分离或溢出的废水等。冶金废水处理发展的趋势：① 发展和采用不用水或少用水及无污染或少污染的新工艺、新技术，如用干法熄焦、炼焦煤预热、直接从焦炉煤气脱硫脱氰等；② 发展综合利用技术，如从废水废气中回收有用物质和热能，减少物料燃料流失；③ 根据不同水质要求，综合平衡，串流使用，同时改进水质稳定措施，不断提高水的循环利用率；④ 发展适合冶金废水特点的新的处理工艺和技术，如用磁法处理钢铁废水具有效率高、占地少、操作管理方便等优点。

（5）农药废水的特点及其处理方法。

农药品种繁多，农药废水水质复杂。其主要特点是：① 污染物浓度较高，化学需氧量（COD）可达每升数万毫克（mg/L）；② 毒性大，废水中除含有农药和中间体外，还含有酚、砷、汞等有毒物质以及许多生物难以降解的物质；③ 有恶臭，对人的呼吸道和黏膜有刺激性；④ 水质、水量不稳定。因此，农药废水对环境的污染非常严重。农药废水处理的目的是降低农药生产废水中污染物浓度，提高回收利用率，力求达到无害化。农药废水的处理方法有活性炭吸附法、湿式氧化法、溶剂萃取法、蒸馏法和活性污泥法等。但是研制高效、低毒、低残留的新农药，是农药发展方向。我国等一些国家已禁止生产六六六等有机氯、有机汞农药，积极研究和使用微生物农药，这是一条从根本上防止农药废水污染环境的新途径。

（6）其他废水特点及方法简述。

① 含酚废水。含酚废水主要来自焦化厂、煤气厂、石油化工厂、绝缘材料厂等工业部门以及石油裂解制乙烯、合成苯酚、聚酰胺纤维、合成染料、有机农药和酚醛树脂生产过程。含酚废水中主要含有酚基化合物，如苯酚、甲酚、二甲酚和硝基甲酚等。酚基化合物是一种原生质毒物，可使蛋白质凝固。水中酚的质量浓度达到 $0.1\sim0.2$ mg/L 时，鱼肉即有异味，不能食用；质量浓度增加到 1 mg/L，会影响鱼类产卵，含酚 $5\sim10$ mg/L，鱼类就会大量死亡。饮用水中含酚能影响人体健康，即使水中含酚质量浓度只有 0.002 mg/L，用氯消毒也会产生氯酚恶臭。通常将质量浓度为 1 000 mg/L 的含酚废水，称为高浓度含酚废水，这种废水须回收酚后，再进行处理。质量浓度小于 1 000 mg/L 的含酚废水，称为低浓度含酚废水。通常将这类废水循环使用，将酚浓缩回收后处理。回收酚的方法有溶剂萃取法、蒸汽吹脱法、吸附法、封闭循环法等。含酚质量浓度在 300 mg/L 以下的废水

可用生物氧化、化学氧化、物理化学氧化等方法进行处理后排放或回收。

② 含汞废水。含汞废水主要来源于有色金属冶炼厂、化工厂、农药厂、造纸厂、染料厂及热工仪器仪表厂等。从废水中去除无机汞的方法有硫化物沉淀法、化学凝聚法、活性炭吸附法、金属还原法、离子交换法和微生物法等。一般偏碱性含汞废水通常采用化学凝聚法或硫化物沉淀法处理。偏酸性的含汞废水可用金属还原法处理。低浓度的含汞废水可用活性炭吸附法、化学凝聚法或活性污泥法处理,有机汞废水较难处理,通常先将有机汞氧化为无机汞,而后进行处理。

各种汞化合物的毒性差别很大。元素汞基本无毒;无机汞中的氯化汞(升汞)是剧毒物质,有机汞中的苯基汞分解较快,毒性不大;甲基汞进入人体很容易被吸收,不易降解,排泄很慢,特别是容易在脑中积累。毒性最大,如水俣病就是由甲基汞中毒造成的。

③ 重金属废水。重金属废水主要来自矿山、冶炼、电解、电镀、农药、医药、油漆、颜料等企业排出的废水。废水中重金属的种类、含量及存在形态随不同生产企业而异。由于重金属不能分解破坏,而只能转移它们的存在位置和转变它们的物理和化学形态。例如,经化学沉淀处理后,废水中的重金属从溶解的离子形态转变成难溶性化合物而沉淀下来,从水中转移到污泥中;经离子交换处理后,废水中的重金属离子转移到离子交换树脂上,经再生后又从离子交换树脂上转移到再生废液中。因此,重金属废水处理原则是:首先,最根本的是改革生产工艺,不用或少用毒性大的重金属;其次,采用合理的工艺流程、科学的管理和操作,减少重金属用量和随废水流失量,尽量减少外排废水量。重金属废水应当在产生地点就地处理,不同其他废水混合,以免使处理复杂化。更不应当不经处理直接排入城市下水道,以免扩大重金属污染。对重金属废水的处理,通常可分为两类:一是使废水中呈溶解状态的重金属转变成不溶的金属化合物或元素,经沉淀和上浮从废水中去除,可应用方法如中和沉淀法、硫化物沉淀法、上浮分离法、电解沉淀(或上浮)法、隔膜电解法等;二是将废水中的重金属在不改变其化学形态的条件下进行浓缩和分离,可应用方法有反渗透法、电渗析法、蒸发法和离子交换法等。这些方法应根据废水水质、水量等情况单独或组合使用。

④ 含油废水。含油废水主要来源于石油、石油化工、钢铁、焦化、煤气发生站、机械加工等工业部门。废水中油类污染物质,除重焦油的相对密度为 1.1 以上外,其余的相对密度都小于 1。油类物质在废水中通常以三种状态存在。其一为油滴粒径大于 100 μm,易于从废水中分离出来。其二为分散油,油滴粒径介于 10~100 μm,悬浮于水中。其三为乳化油,油滴粒径小于 10 μm,不易从废水中分离出来。由于不同工业部门排出的废水中含油浓度差异很大,如炼油过程中产

生废水，含油量为 150～1 000 mg/L，焦化废水中焦油含量为 500～800 mg/L，煤气发生站排出废水中的焦油含量可达 2 000～3 000 mg/L。因此，含油废水的处理应首先利用隔油池，回收浮油或重油，处理效率为 60%～80%，出水中含油量为100～200 mg/L；废水中的乳化油和分散油较难处理，故应防止或减轻乳化现象。方法其一，是在生产过程中注意减轻废水中油的乳化；其二，是在处理过程中，尽量减少用泵提升废水的次数，以免增加乳化程度。处理方法通常采用气浮法和破乳法。

⑤ 含氰废水。含氰废水主要来自电镀、煤气、焦化、冶金、金属加工、化纤、塑料、农药、化工等部门。含氰废水是一种毒性较大的工业废水，在水中不稳定，较易于分解，无机氰和有机氰化物皆为剧毒性物质，人食入可引起急性中毒。一般氰化物对人体致死量为 0.1 g，氰化钾为 0.12 g，水体中氰化物对鱼致死的质量浓度为 0.04～0.1 mg/L。含氰废水处理措施主要有：第一，改革工艺，减少或消除外排含氰废水，如采用无氰电镀法可消除电镀车间工业废水。第二，含氰量高的废水，应采用回收利用，含氰量低的废水应净化处理方可排放。回收方法有酸化曝气—碱液吸收法、蒸汽解吸法等。处理方法有碱性氯化法、电解氧化法、加压水解法、生物化学法、生物铁法、硫酸亚铁法、空气吹脱法等。其中碱性氯化法应用较广，硫酸亚铁法处理不彻底也不稳定，空气吹脱法既污染大气，出水又达不到排放标准，较少采用。

第四节　中水回用处理系统的介绍

一、中水回用的意义

1. 中水概念

"中水"最初来源于日本的"中水道"，它指的是介于上水（自来水）与下水（排水）之间的一种水。我国建设部《城市中水设施管理暂行办法》中将中水定义为：部分生活优质杂排水经处理净化后达到《城市污水再生利用　城市杂用水水质》（GBT 18920—2002），可以在一定范围内重复使用的非饮用水。

2. 中水系统（Reclaimed Water System）的概念

中水系统是由中水原水的收集、储存、处理和中水供给等工程设施组成的有机结合体，是建筑物或建筑小区的功能配套设施之一。中水系统大致可分为三类：一是城市污水处理厂出水处理回用的城市中水系统；二是若干建筑群生活污水集中处理回用的小区中水系统；三是单栋的建筑物生活污水处理回用的建筑中水系统。

3．中水的来源

从广义的角度来讲，中水水源应该包括：雨水、冷却排水、淋浴排水、盥洗排水、厨房排水、厕所排水、城市污水处理厂尾水等。一般严禁将具有传染性和放射性的污水作为中水水源，而污染较严重的综合生活污水，从经济性和技术性角度考虑，一般不适合当作中水水源。

中水处理系统水源可分为以下三类：① 优质杂排水，包括洗手洗脸水、冷却水、锅炉污水、雨水等，但不含厨、厕排水，主要污染物为泥灰，处理方法简单。② 杂排水，除上述优质杂排水外，还含厨房排水。污染程度高，有油垢、表面活性剂、生物有机物及泥灰。③ 综合排水，杂排水和厕所排水的混合水，含较高的细菌、BOD 和 COD，不仅具有前两类废水的污染性，且含有氮、磷的富营养化的性质，处理工艺较为复杂。

《建筑中水设计规范》（GB 50336—2002）中规定建筑小区中水可选择的水源有：① 建筑小区内建筑物杂排水；② 城市污水处理厂出水；③ 相对洁净的工业排水；④ 小区生活污水或市政排水；⑤ 建筑小区内的雨水；⑥ 可利用的天然水体（河、塘、湖、海水等）。

选择中水水源时，一般可按下列顺序取舍：① 冷却水；② 淋浴排水；③ 盥洗排水；④ 洗衣排水；⑤ 厨房排水；⑥ 厕所排水。

4．中水回用的途径

城市污水回用的途径，大致有农业灌溉、工业回用、城市杂用、地下水回灌和生活饮用等几种形式。

① 农业灌溉。农业灌溉主要包括农作物、牧草、苗木、农副产品洗涤及冷冻等用水。主要的作用包括将污水施用于土地以便得到处理与满足植物生长两个方面。城市污水回用于农业灌溉历史悠久，范围广泛，是污水回用的首选对象，主要原因是农业灌溉用水的水质要求较低，一般不需要对污水进行深度处理，相对成本较低，并且农业灌溉用水量大，同时可以利用污水的肥效，借助于土壤和植物系统的自净功能来减轻污染。但中水回用于农业需要注意水质、长年利用和管理制度及措施等方面问题。

② 工业回用。中水回用于工业主要用作循环冷却水、锅炉用水以及工业用水等方面，主要优势在于以下几点：工业用水用户离污水处理设施相对较近，不必长距离运输；水源稳定，不会出现枯水期用水紧张的问题；城市污水处理厂的二级处理出水稍加处理即可满足许多工业部门的用水水质要求，成本较低；可以减少工业废水的排放量，有利于保护环境。

③ 城市杂用。城市杂用水主要包括以下几个方面：生活杂用水指不直接与人体接触的生活用水，范围主要包括居住建筑、公共建筑和工业企业非生产区内用于冲洗卫生用具、浇花草、空调、冲洗车辆、浇洒道路等。

环境、娱乐和景观用水主要包括以下几个方面：浇洒城镇公园或其他公共场所、公路两侧、墓地等处的草地和高尔夫球场等；浇灌树木、苗圃；供钓鱼和划船的娱乐湖；补充河道、人工湖、池塘以保持景观和水体自净能力；人工瀑布、喷泉用水等。

④ 地下水回灌。地下水回灌是借助于工程设施，将经过适当处理后的污水直接或用人工诱导的方法引入地下含水层，其主要目的包括以下几个方面：补充地下水量，稳定或抬高地下水位，提高含水层的供水能力；控制地面沉降或塌陷，避免因过量开采地下水造成的严重环境质量问题；海滨和岛屿地区，可以使地下咸水淡化和防止海水入侵；冷源或热源储备，以改善生产用水条件，减少用水量或能耗；用于地下水回灌是污水间接回用的缓冲途径。

⑤ 生活饮用。城市污水处理后用于生活饮用水有直接回用和间接回用两种类型。直接回用是指处理厂最后出水被直接注入生活用水配水系统。该种回用对水质要求较高，必须经过多级深度处理，使水质达到《生活饮用水卫生标准》（GB 5749—2006）才能饮用，处理成本相对较高。间接回用是指河道上游地区的污水，经过净化处理后又排入水体或渗入地下含水层，然后又作为下游或该地区的饮用水水源。

5. 中水回用的意义

在我国，水资源是基础自然资源，既是生态环境的控制性因素之一，又是战略性经济资源，是一个国家综合国力的有机组成部分。地球上的总储水量约为 $1.386×10^9 km^3$，水圈内水量的分布是十分不均匀的，大部分水储存于低洼的海洋中，占 96.54%，而且 97.47% 为咸水，既不能直接饮用也不能灌溉。占总量 2.5% 的淡水中，有 87% 是人类难以利用的两极冰盖、高山冰川和永冻地带的冰雪，理论上可以开发利用的淡水不到地球总淡水量的 1%。

我国水资源总量丰富，但人均水资源占有量仅相当于世界人均水资源占有量的 1/4，位列世界第 121 位，是联合国认定的"水资源紧缺"国家。在全国 600 多个城市中，有 400 多个城市存在供水不足的问题，其中缺水比较严重的城市有 110 个，全国城市缺水年总量达 60 亿 m^3。不仅如此，水资源在全国范围的分布严重不均。占全国面积三分之一的长江以南地区拥有全国五分之四的水量，而面积广大的北方地区只拥有不足五分之一的水量，其中西北内陆的水资源量仅占全国的 4.6%。

我国多年平均降水量约 6 万亿 m³，其中 54%即 3.2 万亿 m³ 左右通过土壤蒸发和植物蒸腾作用又回到大气中，余下的约有 2.8 万亿 m³ 绝大部分形成了地面径流，有极少数渗入地下。这就是我国拥有的淡水资源总量，这一总量低于巴西、俄罗斯、加拿大、美国和印度尼西亚，居世界第六位。但因人口基数大，人均拥有水资源量是很少的，仅为 2 200 m³，占世界人均占有量的四分之一。专家预测，我国人口在 2030 年将进入高峰时期，届时人均水资源量大约只有 1 750 m³，中国将成为严重缺水的国家。

干旱缺水已成为制约中国经济社会发展的最重要因素之一。全国 668 座城市中有 400 多座缺水，日缺水量达 1 600 万 m³，每年就影响工业产值达 2 300 亿元。此外，伴随着主要河流下游及干流普遍出现的断流和地下水位的大幅度下降，还引起了如沙尘暴频发等生态环境恶化的问题。

总之，随着社会经济的发展和人口的急剧增长，人类对水的需求不断增加，加之人类用水的不科学和水体的严重污染，使可利用的水资源日趋锐减。目前，水资源危机已成为所有国家在政策、经济和技术上所面临的重大资源环境问题，水资源危机发展将更加迅速，前景令人担忧。由此看来，采取必要的节水措施和中水回用势在必行。

中水回用是城市稳定的淡水资源，中水回用减少了城市对自然水的需求量，削减了对水环境的污染负荷，减弱了对自然循环的干扰，是维持健康水循环不可缺少的措施。在缺水地区和干旱年份中水回用更是解决水荒的有力可行之策，是保持水资源和水资源增值的有效途径。具体地说，中水回用具有以下几个方面的意义：

① 中水回用是缓解水资源短缺的有效途径。中水回用对促进农业生产和国民经济的可持续发展意义重大，大大缓解了水资源不足。据有关资料统计，城市供水的 80%转化为污水，经过收集处理后，有 60%～70%可转化为中水再次循环使用。通过中水回用，可以在现有供水量不变的情况下，使城市的可用水量至少增加 50%以上。目前世界各国都特别重视中水回用，中水回用作为一种合法的替代水源，正在越来越广泛地得到利用，成为城市水资源的重要组成部分。

② 中水回用是实现水资源可持续利用的重要环节。随着城市化进程和经济的发展，以及日益严重的环境污染，水资源日趋紧张。推进污水的深度处理，普及再生水利用是人与自然协调发展、促进循环型城市发展进程的重要举措。

③ 中水回用可以带来可观的效益。中水回用不但可以带来很好的经济效益，而且对社会和生态的效益也是巨大的。随着城市自来水价格的提高，中水运行成本的进一步降低，以及回用量的增加，中水回用带来的经济效益越来越突出。中

水的合理利用能够维持生态平衡，有效地保护水资源，改变原有的"开采—利用—排放"的模式，实现水资源的良性循环，并对城市水资源紧缺的状况起到了积极的缓解作用，具有长远的社会效益。中水的合理利用还可以消除污水对环境的不利影响，进一步净化环境，起到很好的生态效益。

④城市污水经处理后用于农业生产和绿化，可以带来可观的环境效益。中水开发利用成本低，节省了水资源费、远距离输水的能耗费用和基建费用，用于农业生产及城市的绿化成本低，可以美化环境，带来可观的环境效益。

⑤中水回用是实现环境保护战略的重要措施。污水处理回用，与清洁生产、源头削减、废物减量化等环境保护战略措施是密切相关的。中水回用是污水的一种回收和削减，能够实现水及水中污染物质的回收。

中水回用现在已经成为世界各国解决水资源问题的首选第二水源，主要用于农业灌溉、生活回用、工业冷却水、市政杂用、地下水回灌以及补给地表水等。

在国外，中水回用技术研究和应用都比较早，日本、美国、南非、以色列等国家早已开展污水经处理后回用的工作。美国是世界上开展污水再生利用比较早的国家之一，20世纪70年代初开始大规模污水处理厂建设，1979年美国有357个城市污水处理厂进行污水回用，全国城市污水回用总量 $9.4 \times 10^8 \, m^3/a$，其中农业灌溉用水占62%，工业用水占31.5%，地下回灌用水占5%，渔业生产及娱乐用水占1.5%。

中水回用最典型代表是日本。日本20世纪60年代起就开始使用中水，至今已有50余年。1997年底，在日本供建筑物、建筑物群、居民小区的冲厕或其他非生活饮用的杂用水的污水净化设施，有1 475套，回用水量为 0.71 亿 m^3/a，占城市总供水量（165.5亿 m^3/a）的0.4%。日本中水回用的工程实例见表1-26。

表 1-26　日本再生水利用工程实例

东京都江东地区工业回用	二级处理出水—混凝沉淀—活性炭—加氯—回用
江崎市工业回用	二级处理出水—加氯杀菌—回用
东京千代田区某楼中水回用	杂排水—格栅—油水分离—曝气槽—沉淀槽—过滤槽—氯消毒—冲洗厕所
东京港区某楼中水回用	杂排水—格网—反渗透处理—活性炭吸附—氯消毒—冲洗厕所
川崎市再生水用于景观水体	二级处理出水—好氧滤池—活性炭吸附—景观回用

在以色列农业灌溉技术高度发展，到1987年，全国有210个市政回用工程，100%的生活污水和72%的城市污水回用，主要用于农业灌溉和工业用水。部分国

家再生水利用实例见表 1-27。

表 1-27 部分国家再生水利用实例

国家	城市	再生水利用规模（×10^{4}m^3/d）	回用对象
俄罗斯	莫斯科	55.5	工业
波兰	费罗茨瓦夫	17	灌溉、地下水回灌
墨西哥	联邦区	15.5	浇灌花园
沙特阿拉伯	利雅得	12	石油提炼、灌溉
印度	孟买	0.02	商业大楼杂用水
南非	约翰内斯堡	5	电厂冷却水

我国对城市污水处理与利用的研究，早在 1958 年就开始列入国家科研课题。60 年代关于污水灌溉的研究已达到一定的水平。70 年代中期进行了城市污水以回用为目的的污水深度处理小试。80 年代初，我国青岛、大连、太原、北京、天津、西安等缺水的大城市相继开展了污水回用于工业和民用的试验研究，其中有些城市已修建了回用试点工程并取得了积极的成果，不少公共建筑也建设了中水回用装置。

目前我国再生水的用途主要为市政杂用、工业、农业、环境娱乐和补充水源等。根据具体的使用目的和水质要求不同，水源、污水再生利用的设施和技术也不同。市政杂用主要为绿化、车辆冲洗、道路喷洒、冲厕、建筑施工和消防等用水，因与人体接触的可能性较大，故需进行严格的消毒。中水回用于农业可以采用直接灌溉和排至灌溉渠或自然水体进行间接回用两种方式，需求量大，水质要求一般也不高，是污水再生利用产业的主要需要者之一。一般经二级处理的城市污水处理厂出水水质都能达到甚至超过农业灌溉用水标准。再生水用于工业包含两方面，即工业利用再生的城市污水和工业废水的内部循环。工业对再生水的需求量很大，对水质的要求也多种多样。再生水可用于量大面广的冷却水、洗涤冲洗用水及其他工艺低质用水，因此它最适合冶金、电力、石油化工、煤化工等工业部门的利用。景观娱乐用水主要为形成娱乐性或观赏性湖泊等，根据用水与人体接触的方式不同，必须采用不同的处理程度。污水再生利用的其他方式还包括地下水回灌和饮用型回用。

下面简要介绍一下我国部分城市中水回用情况：

北京市高碑店污水处理厂再生水回用工程日输水能力为 47 万 m^3/d，一期供水规模是 30 万 m^3/d，其中 20 万 m^3/d 送往高碑店湖，作为高碑店湖的补充水，同时供市第一热电厂的工业冷却用水。按照《2008 年奥运工程——污水及中水项目规划》或《北京奥运行动规划》的有关内容，到 2008 年北京市再生水回用率达到

50%，到 2012 年北京市区新增 9 座中水处理厂，其深度处理能力为 47.6 万 m^3/d，并配套建设中水管线长约 371 公里，工程投资约 17 亿元。北京市的再生水回用量达到 5.72 亿 m^3/a。

大连是我国严重缺水城市之一，目前大连市日供水量仅为 77.5 万 m^3，而该城市 1 850 万 m^2 的公共绿地每天浇灌一次就需要用水 33.5 万 m^3。从 2002 年起大连市用经过三级处理的污水进行绿地灌溉，该水符合 II 级水指标，而该水 1 m^3 成本为 0.8 元，比用地下水灌溉节省 0.2 元左右，据初步估算，使用这种经过处理过的污水进行 1 850 万 m^2 公共绿地的灌溉，每天节约成本 8 万元。

除此之外太原、天津、石家庄、青岛、合肥等城市的中水回用工程也具有相当规模。我国部分城市污水处理厂所采用的深度处理工艺和回用对象见表 1-28。

表 1-28　我国部分城市污水处理厂中水回用工程实例

工程名称	规模/万（m^3/d）	回用对象	深度处理工艺
北京市北小河再生水污水处理厂	10	绿化市政和车辆冲洗等	过氯消毒
北京市方庄污水处理厂	2	工业生活小区	过滤消毒
天津开发区污水处理厂	2	河湖补给、市政绿化	脱盐工艺
天津市纪庄子污水处理厂	7	工业生活杂用	过氯消毒
太原市北郊污水处理厂	1	工业	消毒
大连市春柳污水处理厂	1	工业	澄清过滤消毒
太原市化工集团水厂	2.4	工业	接触氧化混凝过滤
青岛市开发区污水处理厂	1	市政杂用、工业、生活	过氯消毒

二、中水回用水质要求及相关标准

（一）中水回用水质指标

1. 中水回用对水质的要求

由于使用回用水的范围十分广泛，水质要求也不尽相同。按照回用方式的不同，对中水回用的要求也不同，主要包括以下几个方面：

（1）灌溉回用水水质要求。城市污水用于农业灌溉，必须经过适当的处理，未经处理的污水一般不允许以任何方式用于灌溉。联合国卫生组织曾经提出城市污水至少要经过一级处理才能用于灌溉，最好进行二级生化处理。具体水质要求包括以下几个方面：① 不传播疾病；② 不破坏土壤的结构和性能，不使土壤盐碱化；③ 土壤中重金属和有害物质的积累不超过有害水平；④ 不影响农作物的产量和质量；⑤ 不污染地下水。

（2）工业回用水水质要求。由于工业生产范围广泛，不同工业部门对水质要求差异极大，应该从实际出发，以各类工业用水的水质要求来制定相关的工业回用水水质标准。中水回用作冷却水时一般有以下要求：① 在热交换过程中，不产生结垢；② 对冷却系统不产生腐蚀作用；③ 不产生过多的泡沫；④ 不存在有助于微生物生长的过量营养物质。

（3）生活杂用水水质要求。为了保证城市污水再生后作为生活杂用水的安全可靠和合理使用，回用水水质必须满足下列要求：① 满足卫生要求。其主要指标有大肠菌群数、细菌总数、余氯量、悬浮物、BOD_5 等。② 满足感观要求。即无不快的感觉。其指标主要有浊度、色度、臭味等。③ 满足设备构造方面的要求。即水质不易引起设备、管道的严重腐蚀和结垢。其指标有 pH 值、硬度、蒸发残渣、溶解性物质等。

（4）人工回灌地下水的水质要求。地下回灌水的水质要求取决于当地地下水的用途、自然和卫生条件、回灌过程和含水层对水质的影响以及其他经济技术条件，一般来说应该符合以下三个条件：① 水质应优于原地下水水质或达到生活饮用水水质标准；② 回灌后不会引起区域地下水的水质变化和污染；③ 不会引起井管或滤水管的腐蚀和堵塞。

2．主要的水质指标

① 物理性指标。一般以感官性指标为主，主要包括悬浮物、臭、味、色度、含油量、温度、溶解性固体等。② 化学指标。主要包括硬度、重金属离子、硫化物、氯化物、阴离子合成剂、挥发性酚等。③ 生物化学指标。主要包括生化需氧量（BOD）、化学需氧量（COD）、总有机碳（TOC）和总需氧量（TOD）等。

（二）中水回用水质标准

回用水水质标准是保证用水安全可靠及选择经济合理的水处理工艺流程的基本依据，我国污水再生利用的政策法规、标准及规范从"七五"至今经历了较长的发展、完善过程，期间颁布了一系列规范和标准，概括起来有以下内容：① 《建筑中水设计规范》（GB 50336—2002）、《污水再生利用工程设计规范》（GB 50335—2002）；② 《城市污水再生利用分类》（GB/T 18919—2002）；③ 《城市污水再生利用城市杂用水水质》（GB/T 18920—2002）；④ 《城市污水再生利用景观环境用水水质》（GB/T 18921—2002）；⑤ 《城市污水再生利用补充水源水质》；⑥ 《城市污水再生利用工业用水水质》（GB/T 19923—2005）。

中水回用常用水质标准见表 1-29 城市污水再生利用 城市杂用水水质、表 1-30 景观环境用水的再生水水质标准和表 1-31 城市污水再生利用 工业用水水质标准。

表 1-29 城市污水再生利用 城市杂用水水质（GB/T 18920—2002）

序号	项目	冲厕	道路清扫消防	城市绿化	车辆冲洗	建筑施工
1	pH	6.0～9.0				
2	色度/度≤	30				
3	臭	无不快感				
4	浊度（NTU）≤	5	10	10	5	20
5	溶解性总固体/（mg/L）≤	1 500	1 500	1 000	1 000	—
6	五日生化需氧量（BOD₅）/（mg/L）≤	10	15	20	10	15
7	氨氮/（mg/L）≤	10	10	20	10	20
8	阴离子表面活性剂/（mg/L）≤	1.0	1.0	1.0	0.5	1.0
9	铁/（mg/L）≤	0.3	—	—	0.3	—
10	锰/（mg/L）≤	0.1	—	—	0.1	—
11	溶解氧/（mg/L）≥	1.0				
12	总余氯/（mg/L）	接触 30 min 后≥1.0，管网末端≥0.2				
13	总大肠菌群/（个/L）≤	3				

表 1-30 景观环境用水的再生水水质标准（GB/T 18921—2002）

序号	项目	观赏性景观环境用水			娱乐性景观环境用水		
		河道类	湖泊类	水景类	河道类	湖泊类	水景类
1	基本要求	无漂浮物，无令人不愉快的臭和味					
2	pH值	6.0～9.0					
3	五日生化需氧量（BOD₅）/（mg/L）≤	10	6		6		
4	悬浮物（SS）/（mg/L）≤	20	10		—		
5	浊度（NTU）≤	—			5		
6	溶解氧/（mg/L）≥	1.5	2.0				
7	总磷（以P计）/（mg/L）≤	1.0	0.5	1.0	0.5		
8	总氮/（mg/L）≤	15					
9	氨氮（以N计）/（mg/L）≤	5					
10	粪大肠杆菌/（个/L）≤	1 000	2 000		500		不得检出
11	余氯（b）≥	0.05					
12	色度/度≤	30					
13	石油类/（mg/L）≤	1.0					
14	阴离子表面活性剂/（mg/L）≤	0.5					

注 1. 对于需要通过管道输送再生水的非现场回用情况采用加氯消毒方式；而对于现场回用情况不限制消毒方式。

2. 若使用未经过除磷脱氮的再生水作为景观环境用水，鼓励使用本标准的各方在回用地点积极探索通过人工培养具有观赏价值水生植物的方法，使景观水体的氮磷满足此表要求，使再生水中的水生植物有经济合理的出路。

a. "—"表示对此项无要求。b. 氯接触的时间不应低于 30 min 的余氯。对于非加氯消毒方式无此项要求。

表 1-31 城市污水再生利用 工业用水水质标准（GB/T 19923—2005）

序号	控制项目	冷却用水		洗涤用水	锅炉补给水	工艺与产品用水
		直流冷却水	敞开式循环冷却水系统补充水			
1	pH 值	6.5～9.0	6.5～8.5	6.5～9.0	6.5～8.5	6.5～8.5
2	悬浮物（SS）/（mg/L）≤	30	—	30	—	—
3	浊度（NTU）≤	—	5	—	5	5
4	色度/度≤	30	30	30	30	30
5	生化需氧量（BOD_5）/（mg/L）≤	30	10	30	10	10
6	化学需氧量（COD_{Cr}）/（mg/L）≤	—	60	—	60	60
7	铁/（mg/L）≤	—	0.3	0.3	0.3	0.3
8	锰/（mg/L）≤	—	0.1	0.1	0.1	0.1
9	氯离子/（mg/L）≤	250	250	250	250	250
10	二氧化硅（SiO_2）/（mg/L）≤	50	50	—	30	30
11	总硬度（以 $CaCO_3$ 计）/（mg/L）≤	450	450	450	450	450
12	总碱度（以 $CaCO_3$ 计）/（mg/L）≤	350	350	350	350	350
13	硫酸盐/（mg/L）≤	600	250	250	250	250
14	氨氮（以 N 计）/（mg/L）≤	—	10[①]	—	10	10
15	总磷（以 P 计）/（mg/L）≤	—	1	—	1	1
16	溶解性总固体/（mg/L）≤	1 000	1 000	1 000	1 000	1 000
17	石油类/（mg/L）≤	—	1	—	1	1
18	阴离子表面活性剂/（mg/L）≤	—	0.5	—	0.5	0.5
19	余氯[②]/（mg/L）≥	0.05	0.05	0.05	0.05	0.05
20	粪大肠菌群/（个/L）≤	2 000	2 000	2 000	2 000	2 000

注：① 当敞开式循环冷却水系统换热器为铜质时，循环冷却系统中循环水的氨氮指标应小于 1 mg/L。
② 加氯消毒时管网末梢值。

三、深度处理及中水回用工艺选择原则

（一）水的深度处理

污水深度处理（sewage depth processing）是指城市污水或工业废水经一级、二级处理后，为了达到一定的回用水标准使污水作为水资源回用于生产或生活的

进一步水处理过程。针对污水（废水）的原水水质和处理后的水质要求可进一步采用三级处理或多级处理工艺。常用于去除水中的微量 COD 和 BOD 有机污染物质，SS 及氮、磷高浓度营养物质及盐类。深度处理方法费用昂贵，管理较复杂，每吨水的费用为一级处理费用的 4～5 倍以上。深度处理去除的对象和所采用的处理技术见表 1-32。

表 1-32　深度处理的去除对象和采用的处理技术

去除对象		有关指标	采用的主要处理技术
有机物	悬浮状态	SS、VSS	过滤、混凝沉淀
	溶解状态	BOD_5、COD、TOC、TOD	混凝沉淀、活性炭吸附、臭氧氧化
植物性营养盐类	氮	TN、NH_3-N、NO_3-N、NO_2-N	吹脱、折点氯化、离子交换脱氮、生物脱氮、生物脱氮除磷
	磷	PO_4-P、T-P	金属盐混凝沉淀、石灰混凝沉淀晶析法
微量成分	溶解性无机盐	Na^+、Ca^{2+}、Cl^-	反渗透、电渗析、离子交换
	微生物	细菌、病毒	臭氧氧化、消毒（氯气、次氯酸钠、紫外线）

深度处理常见方法有：絮凝沉淀法、砂滤法、活性炭法、臭氧氧化法、膜分离法、离子交换法、电解处理、湿式氧化法、蒸发浓缩法等物理化学方法与生物脱氮、脱磷法等。

（1）活性炭吸附法。活性炭对分子量在 500～3 000 的有机物有十分明显的去除效果，去除率一般为 70%～86.7%，可经济有效地去除臭、色度、重金属、消毒副产物、氯化有机物、农药、放射性有机物等。常用的活性炭主要有粉末活性炭（PAC）、颗粒活性炭（GAC）和生物活性炭（BAC）三大类。近年来，国外对 PAC 的研究较多，已经深入到对各种具体污染物的吸附能力的研究。

（2）膜分离法。膜分离技术是以高分子分离膜为代表的一种新型的流体分离单元操作技术。它的最大特点是分离过程中不伴随相的变化，仅靠一定的压力作为驱动力就能获得很高的分离效果，是一种非常节省能源的分离技术。

根据溶质或溶剂透过膜的推动力不同，膜分离法可以分为以下三类：一是以电动势为推动力的方法，主要是指电渗析技术；二是以浓度差为推动力的方法，主要包括扩散渗析和自然渗透等技术；三是以压力差为推动力的方法，主要包括超滤、微滤、纳滤和反渗透等技术。在中水回用及污水深度处理过程中经常用到的膜分离技术主要包括超滤、微滤、纳滤、反渗透和电渗析五种。

① 超滤（UF）。超滤能有效地去除颗粒物质和直径大于 10 nm 的细菌、病毒和蛋白质，分离粒子的直径范围为 0.001～0.1 μm，对二级出水的 COD 和 BOD 去除率大于 50%。超滤可以用于回收有用物质，如从电镀涂料废水中回收涂料等，也可以作为反渗透设备的预处理，去除悬浮物质、BOD 和 COD 等成分，减轻反渗透的负荷，使反渗透装置运行稳定。

② 微滤（MF）。微滤是一种类似于粗滤的膜过程，微滤膜具有比较整齐、均匀多孔的结构，孔径范围为 0.05～10 μm。微滤主要用于对悬浮液和乳液进行分离，可以除去细菌、病毒和寄生生物等，还可以降低水中的磷酸盐含量，也可以用作反渗透设备的预处理。

③ 纳滤（NF）。纳滤是一种介于反渗透和超滤之间的压力驱动膜分离过程，是利用一种具有半透性能的膜在外在压力推动下实现水溶液中某些组分选择性透过的分离技术。纳滤膜主要去除直径为 1 nm 左右的溶质粒子，截留分子量为 100～1 000。纳滤操作压力通常为 0.5～1.0 MPa，纳滤膜的一个显著特点是具有离子选择性，它对二价离子的去除率高达 95%以上，一价离子的去除率较低，为 40%～80%。

④ 反渗透（RO）。反渗透是一种以压力差为推动力，从溶液中分离出溶剂的膜分离操作。对膜一侧的料液施加压力，当压力超过它的渗透压时，溶剂会逆着自然渗透的方向作反向渗透。从而在膜的低压侧得到透过的溶剂，即渗透液；高压侧得到浓缩的溶液，即浓缩液。反渗透用于降低矿化度和去除总溶解固体，对二级出水的脱盐率达到 90%以上，COD 和 BOD 的去除率在 85%左右，细菌去除率 90%以上。

⑤ 电渗析（ED）。电渗析适合于含盐量在 500～4 000 mg/L 的高盐浓度水处理，能够去除水中呈离子化的无机盐类，对于二级处理水可以考虑不设预处理装置，比反渗透处理工艺要简单。通过一次电渗析工艺处理，污水的脱盐率可达到 20%～50%，通过多级串联可以提高脱盐效率。

（3）高级氧化法。工业生产中排放的高浓度有机污染物和有毒有害污染物，种类多、危害大，有些污染物难以生物降解且对生化反应有抑制和毒害作用。而高级氧化法在反应中产生活性极强的自由基（如-OH 等），使难降解有机污染物转变成易降解小分子物质，甚至直接生成 CO_2 和 H_2O，达到无害化目的。常见的方法包括湿式氧化、催化氧化、电化学氧化等。

① 湿式氧化法（WAO）。在高温（150～350℃）、高压（0.5～20 MPa）下利用 O_2 或空气作为氧化剂，氧化水中的有机物或无机物，达到去除污染物的目的，其最终产物是 CO_2 和 H_2O。

② 湿式催化氧化法（CWAO）。在传统的湿式氧化处理工艺中加入适宜的催化剂使催化反应能在更温和的条件下和更短的时间内完成，也因此可减轻设备腐蚀、降低运行费用。湿式催化氧化法的催化剂一般分为金属盐、氧化物和复合氧化物三类。目前，考虑经济性，应用最多的催化剂是过渡金属如 Cu、Fe、Ni、Co、Mn 等的氧化物及其盐类。采用固体催化剂还可避免催化剂的流失、二次污染的产生及资金的浪费。

③ 超临界水氧化法。超临界水氧化法把温度和压力升高到水的临界点以上，该状态的水就称为超临界水。在此状态下水的密度、介电常数、黏度、扩散系数、电导率和溶剂化学性能都不同于普通水。较高的反应温度（400～600℃）和压力也使反应速率加快，可以在几秒钟内对有机物达到很高的破坏效率。

④ 电化学氧化法。电化学氧化又称电化学燃烧，其基本原理是在电极表面的电催化作用下或在由电场作用而产生的自由基作用下使有机物氧化。除可将有机物彻底氧化为 CO_2 和 H_2O 外，电化学氧化还可作为生物处理的预处理工艺，将非生物相容性的物质经电化学转化后变为生物相容性物质。这种方法具有能量利用率高、低温下也可进行、设备相对较为简单、操作费用低、易于自动控制、无二次污染等特点。

⑤ 臭氧法。臭氧具有极强的氧化性，对许多有机物或官能团发生反应，有效地改善水质。臭氧能氧化分解水中各种杂质所造成的色、臭，其脱色效果比活性炭好；还能降低出水浊度，起到良好的絮凝作用，提高过滤滤速或者延长过滤周期，同时还能够起到消毒和杀菌的作用。目前，由于国内的臭氧发生技术和工艺比较落后，所以运行费用过高，推广有难度。

（4）脱氮与除磷。通常二级生化处理后氮的去除率只有 20%～40%，磷的去除率仅为 10%～30%，大多数的氮和磷尚未去除。而氮和磷含量较高的再生污水回用于城市用水、工业用水或市政杂用水时将造成较大危害，必须加以去除。

① 脱氮工艺。污水的脱氮工艺主要包括化学法和生物法两类，各种方法的原理及特点见表 1-33。

② 除磷工艺。除磷工艺也可以分为化学法和生物法两类。各种除磷工艺的原理及特点见表 1-34。

③ 同时脱氮除磷工艺。为了达到在一个处理系统内同时去除氮和磷的目的，近年来出现了多种脱氮除磷工艺，主要包括巴顿甫（Bardenpho）脱氮除磷工艺、A^2/O 工艺、SBR 工艺以及 UCT 工艺等。

表 1-33 各种脱氮工艺的原理及特点

处理方法	原理	特点			
		去除率	最终氮形态	优点	缺点
氨吹脱法	将污水 pH 值提高到 10.8~11.5 使 NH_4^+ 转化为 NH_3 释放出来	NH_3—N 去除率为 60%~95%	NH_3 气体	基建及运行费用低；流程简单，稳定性好；可以去除高浓度含氮污水	氨气对环境产生二次污染；在吹脱塔上容易结垢；低温时吹脱效率降低
折点加氯法	氯的水合物在当量点与铵根离子反应释放出氮气	NH_3—N 去除率在 90%~100%	N_2 气体	基建费用低；稳定性好；不受水温的影响	处理规模大时运行费用很高；残余氯必须进行处理；可能生成有害的氯胺
离子交换法	用对 NH_4^+ 有选择性的离子交换树脂去除 NH_3—N	NH_3—N 去除率在 90%~97%	铵盐	去除效率高；不受水温的影响	再生时排出的高浓度含氨废水必须进行处理；水中含有钙离子时产生干扰；运行成本高
生物脱氮法	利用一些转型细菌实现对氮的形式转化，最终转化为无害的氮气，从污水中去除	TN 去除率在 70%~95%，可以去除有机氮、氨氮、硝态氮和亚硝态氮等	N_2 气体	可去除各种含氮化合物；去除效率高，效果稳定；不产生二次污染	运行管理复杂；低温时效率低；受有毒物质影响；占地面积大

表 1-34 各种除磷工艺的原理及特点

处理方法	原理	特点	
		优点	缺点
化学混凝沉淀法	在初沉池前、二沉池前或二级处理出水中投加混凝剂，生成磷的化合物沉淀而被去除	除磷效率高；运转灵活	产生的污泥量大；运行的成本高
厌氧—好氧工艺（A/O）	利用厌氧状态释放磷、好氧状态摄取磷的特性除磷	能够利用已建成的处理设施；不投加药剂	比化学法除磷效率低；因活性污泥对磷的积蓄量有限，对排泥量必须控制
Phostrip 工艺	厌氧—好氧和化学法组合流程除磷	由于在磷浓缩液中加入少量的石灰，能经济地除磷；除磷效果稳定	必须增加除磷设施

（二）中水回用工艺

中水处理一般按照污水中各种污染物的含量、中水用途以及要求的水质，采用不同的处理单元，组合成能够达到处理要求的工艺流程。中水处理方法基本上为初级处理、二级处理、砂滤、硝化、脱氮、化学澄清、活性炭吸附、离子交换、膜分离技术、混凝沉降以及消毒等。

1. 中水回用工艺类型

通常情况下按照处理方法组成的水处理工艺流程，一般分为三种类型：

（1）以生物处理为主体的工艺流程。是利用微生物的吸附、氧化分解污水中有机物的处理方法，包括好氧微生物处理和厌氧微生物处理。以生物处理为中心的流程具有适应水力负荷变动能力强、产生污泥量少、维护管理容易等优点，适用于处理有机物含量较高的生活污水。

（2）以物理化学方法为主体的工艺流程。适用于生活污水水质变化较大的情况。物理化学法中水处理工艺主要包括混凝沉降、吸附、气浮等，主要将污水中大分子有机物、胶体等污染物质进行截留和去除，水及小分子物质可以透过，实现分离水中污染物质的目的。

（3）以物理处理为主体的工艺流程。适用于水量小而水质变化大的情况。主要包括过滤、膜分离技术等，借助于膜的选择性透过的特性，将大于膜孔的微粒截留，达到净化水质的目的。

2. 中水回用工艺流程选择原则

在中水回用或污水深度处理时主要根据以下几个方面的因素考虑相应的工艺流程：

① 二级出水水质及回用水水质的要求；② 工程设计规模；③ 单元工艺可行性与整体流程的适应性；④ 运行控制难度、设备国产化程度、固体与气体废物产生与处置方法；⑤ 工程投资与运行成本；⑥ 当地的实际条件和要求；⑦ 充分考虑近期工程与远期工程相结合，考虑分期实施的可能性、经济性与合理性；⑧ 科学选择污水再生回用工艺方案，力争方案更合理，便于施工；⑨ 采用先进可靠的控制系统，实现科学自动化管理，做到技术可靠，经济合理；⑩ 充分利用已有研究成果和工程经验，稳妥地确定工艺设计参数。

3. 中水回用各单元构筑物处理效率及目标水质

工艺流程的确定最好通过实验室试验，并借鉴国内外已成功运行的经验，避免出现技术偏差。在没有试验数据的情况下可参考表 1-35 和表 1-36。

表 1-35 二级出水进行混凝沉淀、过滤的处理效率与目标水质

项目	处理效率/%			目标水质/（mg/L）
	混凝沉淀	过滤	综合	
浑浊度/度	50～60	30～50	70～80	3～5
SS	40～60	40～60	70～80	5～10
BOD_5	30～50	25～50	60～70	5～10
COD_{Cr}	25～35	15～25	35～45	40～75
总氮量	5～15	5～15	10～20	—
总磷量	40～60	30～40	60～80	1
铁含量	40～60	40～60	60～80	0.3

表 1-36 其他单元过程的去除率　　　　　　　　　单位：%

项目	活性炭吸附	氨吹脱	离子交换	折点加氯	反渗透	臭氧氧化
BOD_5	40～60	—	25～50	—	≥50	20～30
COD_{Cr}	40～60	20～30	25～50	—	≥50	≥50
SS	60～70	—	≥50	—	≥50	—
NH_3-N	30～40	≥50	≥50	—	≥50	—
总磷	80～90	—	—	—	≥50	—
色度	70～80	—	—	—	≥50	≥70
浊度	70～80	—	—	—	≥50	—

4. 常用的中水回用工艺流程简介

在实际工作过程中，根据水质情况选择合适的工艺组合，通常以生物处理与物理处理或物化处理相结合的处理工艺为主。下面简要介绍几种工艺组合。

（1）生物处理二级出水 + 砂滤 + 消毒。该工艺是简单实用的传统污水二级处理流程，主要利用砂滤去除水中细小的颗粒物，再经过消毒制取再生水，可用作工业循环冷却水、城市市政用水、居民住宅的冲洗厕所用水等杂用水以及农业用水等。

（2）二级出水 + 混凝 + 沉淀 + 过滤 + 消毒。该工艺在工艺（1）的基础上增加了混凝沉淀的处理过程，进一步去除二级污水处理厂不能去除的胶体物质、部分重金属和有机污染物质，出水水质较好，可以用于市政用水及地下水回灌等。

（3）二级出水 + 接触过滤 + 膜分离 + 消毒。该工艺采用了膜分离技术，

将接触过滤工艺作为膜分离处理的预处理工艺,通过混凝剂将水中残存的细小颗粒经过脱稳凝结成小颗粒过滤去除,减小了膜阻力,提高膜透水通量。

(4)二级处理 + 砂滤 + 膜分离 + 消毒。该工艺与工艺(3)相比主要是膜分离技术的预处理过程不同,膜分离过程可以采用微滤、纳滤等技术。通过微滤截留水中包含胶体和细菌病毒在内的超细污染物,还可以降低水中磷酸盐的含量。该工艺经济适用,出水水质较好。

第二章　水处理工程工艺实验

实验一　自由沉淀

一、实验目的

（1）初步掌握颗粒自由沉淀的试验方法，观察沉淀过程，加深对自由沉淀特点、基本概念及沉淀规律的理解；

（2）根据试验结果绘制时间—沉淀率（t—E），沉速—沉淀率（u—E）和 C_t/C_0—u 的关系曲线。

二、实验原理

沉淀是指从液体中借重力作用去除固体颗粒的过程。根据液体中固体物质的浓度和性质，可将沉淀过程分为自由沉淀、絮凝沉淀、成层沉淀和压缩沉淀四类。本试验是研究探讨污水中非絮凝性固体颗粒自由沉淀的规律。试验用沉淀管进行，如图 2-1-1 所示。设水深为 h，在 t 时间能沉到 h 深度的颗粒的沉速 $u = h/t$。根据某给定的时间 t_0，计算出颗粒的沉速 u_0。凡是沉淀速度等于或大于 u_0 的颗粒，在 t_0 时都可以全部去除。设原水中悬浮物浓度为 C_0（mg/L），则沉淀率为：

$$E = \frac{C_0 - C_t}{C_0} \times 100\% \qquad (2\text{-}1\text{-}1)$$

在时间 t 时能沉到 h 深度的颗粒的沉淀速度为：

$$u = \frac{h \times 10}{t \times 60} (\text{mm/s}) \qquad (2\text{-}1\text{-}2)$$

式中：C_0——原水中悬浮物浓度，mg/L；

　　　　C_t——经 t 时间后，污水中残存的悬浮物浓度，mg/L；

　　　　h——取样口高度，cm；

　　　　t——取样时间，min。

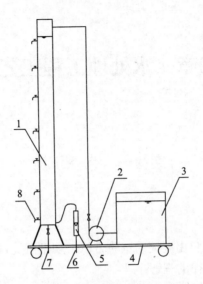

图 2-1-1　自由沉淀实验装置图

1. 沉淀柱；2. 水泵；3. 水箱；4. 支架；5. 气体流量计；6. 气体入口；7. 排水口；8. 取样口

浓度较稀的、粒状颗粒的沉淀属于自由沉淀，其特点是静沉过程中颗粒互不干扰、等速下沉，其沉速在层流区符合 Stokes 公式。

由于水中颗粒的复杂性，颗粒粒径、颗粒密度很难或无法准确地测定，因而沉淀效果、特性无法通过公式求得，而是要通过静沉实验确定。

由于自由沉淀时颗粒是等速下沉，下沉速度与沉淀高度无关，因而自由沉淀可在一般沉淀柱内进行，但其直径应足够大，一般应使 $D \geqslant 100$ mm，以免颗粒沉淀受柱壁干扰。

一般来说，自由沉淀实验可按以下两个方法进行：

（一）底部取样法

底部取样法的沉淀效率通过曲线积分求得。设在一水深为 h 的沉淀柱内进行自由沉淀实验，如图 2-1-1 所示。将取样口设在水深 h 处，实验开始时（$t=0$），整个实验筒内悬浮物颗粒浓度均为 C_0。分别在 t_1, t_2, $\cdots$, t_n 时刻取样，分别测得浓度为 C_1, C_2, $\cdots$, C_n。那么，在时间恰好为 t_1, t_2, $\cdots$, t_n 时，沉速为 $h/t_1=u_1$、$h/t_2=u_2$, $\cdots$, $h/t_n=u_n$ 的颗粒恰好通过取样口向下沉，相应地这些颗粒在高度 h 中已不复存在了。记 $p_i=C_i/C_0$，则 $1-p_i$ 代表时间 t_i 内高度 h 中完全去除的颗粒百分数，p_j-p_k $(k>j\geqslant i)$ 代表沉速处于 u_j 和 u_k 之间的颗粒百分数，在时间 t_i 内，这部分颗粒的去除百分数

为 $\dfrac{(u_j+u_k)/2}{u_i}\times(p_j-p_k)$，当 j、k 无限接近时，$\dfrac{(u_j+u_k)/2}{u_i}\times(p_j-p_k)=\dfrac{u_j}{u_i}\mathrm{d}p_j$。

这样，在时间 t_i 内，沉淀柱的总沉淀效率 $P=(1-p_i)+\displaystyle\int_0^{p_i}\dfrac{u_j}{u_i}\mathrm{d}p_j$。实际操作过程中，可绘出 p–u 曲线并通过积分求出沉淀效率。

（二）中部取样法

与底部取样法不同的是，中部取样法将取样口设在沉淀柱有效沉淀高度（H）的中部。

实验开始时，沉淀时间为 0，此时沉淀柱内悬浮物分布是均匀的，即每个断面上颗粒的数量与粒径的组成相同，悬浮物浓度为 C_0（mg/L），此时去除率 $E=0$。

实验开始后，悬浮物在筒内的分布变得不均匀。不同沉淀时间 t_i，颗粒下沉到池底的最小沉淀速度 u_i 相应为 $u_i=\dfrac{H}{t_i}$。严格来说，此时应将实验筒内有效水深 H 的全部水样取出，测量其悬浮物含量，来计算出 t_i 时间内的沉淀效率。但这样工作量太大，而且每个实验筒只能求一个沉淀时间的沉淀效率。为了克服上述弊病，又考虑到实验筒内悬浮物浓度随水深的变化，所以我们提出的实验方法是将取样口装在 $H/2$ 处，近似地认为该处水样的悬浮物浓度代表整个有效水深内悬浮物的平均浓度。我们认为这样做在工程上的误差是允许的，而实验及测定工作也可以大为简化，在一个实验筒内就可以多次取样，完成沉淀曲线的实验。假设此时取样点处水样悬浮物浓度为 C_i，$P_i=\dfrac{C_i}{C_0}$ 反映了 t_i 时未被去除的颗粒（即粒径 $d<d_i$ 的颗粒）所占的百分比。则颗粒总去除率 $E_0=1-P_i=\dfrac{C_0-C_i}{C_0}=1-\dfrac{C_i}{C_0}$。

三、实验水样

硅藻土自配水。

四、主要实验设备

（1）沉淀实验柱[直径 ϕ140 mm，工作有效水深（由溢出口下缘到筒底的距离）为 2 000 mm]。

（2）过滤装置。

（3）悬浮物定量分析所需设备。以 SS 为评价指标时，定量分析设备包括万分之一电子天平，带盖称量瓶，干燥器，烘箱等；以悬浮物浊度为衡量指标时，定量分析设备为浊度仪。

五、实验步骤

（1）将水样倒入搅拌筒中，用泵循环搅拌约 5 分钟，使水样中悬浮物分布均匀。

（2）用泵将水样输入沉淀实验柱，在输入过程中，从柱中取样两次，每次约 20 mL（若以 SS 为评价指标时，取样量应提高到 100 mL 并在取样后准确记下水样体积）。此水样的悬浮物浓度即为实验水样的原始浓度 C_0。

（3）当废水升到溢流口，溢流管流出水后，关紧沉淀实验柱底部阀门，停泵，记下沉淀开始时间。

（4）观察静置沉淀现象。

（5）隔 5、10、20、30、40、50 min，从实验柱底部取样口及中部取样口各取样两次，每次约 20 mL（若以 SS 为评价指标时，取样量应提高到 100 mL 并在取样后准确记下水样体积）。取水样前要先排出取样管中的积水约 10 mL，取水样后测量工作水深的变化。

（6）将每一种沉淀时间的两个水样作平行实验，测量其 SS 值或浊度。水样 SS 值的测量步骤如下：用滤纸过滤（滤纸应当是已在烘箱内烘干后称量过的），过滤后，再把滤纸放入已准确称量的带盖称量瓶内，在 105～110℃烘箱内烘干后称量滤纸的增重即为水样中悬浮物的重量。

（7）分别对底部取样法和中部取样法计算不同沉淀时间 t 的水样中的悬浮物浓度 C，沉淀效率 E，以及相应的颗粒沉速 u，并画出 E-t 和 E-u 的关系曲线。

（8）实验记录用表，见表 2-1-1。

表 2-1-1　颗粒自由沉淀实验记录

静沉时间/min	浊度/NTU		浊度/NTU	
	中部 1	中部 2	底部 1	底部 2
0				
5				
10				
20				
30				
40				
50				

六、实验结果整理

1. 实验基本参数整理

实验日期：

沉淀柱直径 $d=$

柱高 $H=$

原水浊度 C_0/NTU

绘制沉淀柱草图及管路连接图

2. 实验数据整理

见表 2-1-2。

表 2-1-2　实验原始数据整理表

沉淀时间/min	实测浊度/NTU		计算用浊度/NTU	实测浊度/NTU		计算用浊度/NTU	E		u	
	中部1	中部2	均值	底部1	底部2	均值	中部	底部	中部	底部
0										
5										
10										
20										
30										
40										
50										

七、对实验报告的要求

（1）完成实验记录并绘制沉淀曲线。

（2）分析实验所得结果，并对底部取样法和中部取样法所得结果进行比较。

实验二　混凝沉淀实验

一、实验目的

（1）通过本实验确定某水样的最佳投药量。

（2）观察矾花的形成过程及混凝深沉效果。

二、实验原理

水中的胶体颗粒均带负电，胶粒间的静电斥力、胶粒的布朗运动和胶粒表面的水化作用三种因素使胶粒不能相互聚结而长期保持稳定的分散状态，三者中的静电斥力影响最大。向水中投加混凝剂，能提供大量的正电荷，压缩胶团的扩散层，使电位降低，静电斥力减少。此时，布朗运动由稳定因素转变为不稳定因素，也有利于胶粒的吸附凝聚。同时，由于双电层状态的存在而产生的水化膜，也会因投加混凝剂降低电位，而使水化作用减弱。絮凝剂水解形成的高分子物质或直接加入水中的高分子物质一般具有链状结构，在胶粒与胶粒之间起着吸附架桥作用，即便电位没有降低或降低不多。胶粒不能相互接触，通过高分子链状物吸附胶粒，也能形成絮凝体。

消除或降低胶体颗粒稳定因素的过程叫作脱稳，胶稳后的脱粒，在一定的水力条件下才能形成较大的絮凝体，俗称矾花，直径较大且较密实的矾花溶晶下沉。自投混凝剂直至形成矾花的过程叫混凝。混凝过程中，不仅受水温、药剂投加量和水中胶体颗粒浓度的影响，还受水的 pH 值的影响，如 pH 值过低（小于 4）则所投混凝剂的水解受到限制，其主要产物中没有足够的羟基-OH 进行桥联作用，也就不容易生成高分子物质，絮凝作用较差；如果 pH 值高（大于 9 时）它又会出现溶解，生成带电荷的络合离子，不能很好地发挥混凝作用。

另外，混凝过程中的水力条件对絮凝体的形成影响极大，整个混凝过程分为两个阶段：混合阶段和反应阶段。混合阶段要求使药迅速而均匀地扩散到全部水中，以创造良好的水解和聚合条件，因此，混合要求快速而剧烈搅拌，在几秒钟内完成；而反应阶段则要求混凝剂的微粒通过絮凝形成大的具有良好沉降性能的絮凝体，因此，搅拌强度或水流速度随絮凝体的结大而逐渐降低，以免大的絮凝体被打碎。本实验水流速度及搅拌速度已确定，可不考虑水力条件的影响。

三、实验设备及用具

（1）无级调速六联搅拌机 1 台。

（2）1 000 mL 烧杯 6～8 个。

（3）200 mL 烧杯 8 个。

（4）100 mL 注射器 1～2 支，移取沉淀上清液。

（5）100 mL 洗耳球 1 个，配合移液管移药用。

（6）1 mL 移液管 1 根。

（7）5 mL 移液管 1 根。

（8）10 mL 移液管 1 根。

（9）温度计 1 支（测水温用）。

（10）秒表 1 块（测转速用）。

（11）1 000 mL 量筒 1 个，量原水体积。

（12）1% $Al_2(SO_4)_3$ 溶液一瓶。

（13）酸度计、浊度仪各 1 台。

四、实验步骤

（1）测原水水温、浑浊度（约 70°）和 pH 值。

（2）用 1 000 mL 量筒分别量取 500 mL 水样置于 6 个 1 000 mL 的烧杯中。

（3）将准备好的水样置于搅拌机中，开动机器调整转速，中速（200 r/min）运转 5 min。

（4）用移液管分别移取 0 mL、1 mL、2 mL、3 mL、4 mL、5 mL 的混凝剂迅速加于烧杯中，混凝剂为 1% 的 $Al_2(SO_4)_3$ 溶液或 $FeCl_3$ 溶液。

（5）快速（400 r/min）运转，同时开始计时，快速搅拌 30 s。

（6）30 s 后，迅速将转速调到中速运转（200 r/min），搅拌 5 min 后，再迅速将转速调至慢速（100 r/min），搅拌 10 min。

（7）搅拌过程中，注意观察并记录矾花形成的过程，矾花外观、大小、密实度等并填入表 2-2-1 中。

（8）搅拌完成后，停机，将水样杯取出，于一旁静置 15 min 并观察矾花沉淀过程。15 min 后，分别取水样杯中上清液 100 mL（够测浊度、pH 值即可），置于 6 个洗净的 200 mL 的烧杯中，测浊度及 pH 值，并记入表 2-2-2 中。

表 2-2-1　混凝沉淀实验观察记录

实验组号	观察记录		小结
	水样编号	矾花形成及沉淀过程的描述	
	1		
	2		
	3		
	4		
	5		
	6		

表 2-2-2　实验数据记录表

水样编号	1	2	3	4	5	6
原水浊度						
原水 pH 值						
加药量/mL	0	1	2	3	4	5
剩余浊度						
沉淀后 pH 值						

五、注意事项

（1）取水样时，所取水样要搅拌均匀，要一次量取以尽量减少所取水样浓度上的差别。

（2）移取烧杯中沉淀上清液时，要在相同条件下取上清液，不要把沉下去的矾花搅起来。

六、成果分析

（1）以投药量为横坐标，以剩余浊度为纵坐标，绘制投药量—剩余浊度曲线，确定最佳投药量（kg 药剂/t 水样）。

（2）根据实验结果以及实验中所观察到的现象，简述影响混凝的几个主要因素。

实验三　活性污泥的镜像观察

一、实验目的

（1）学会利用显微镜观察曝气池中活性污泥内的微生物。

（2）通过观察了解活性污泥内有哪些主要的微生物。

（3）学会通过观察活性污泥内的微生物相组成来判断水质处理情况。

二、实验原理

活性污泥中出现的微型动物种类和数量，通常和污水处理系统的运转情况有着直接或间接的联系，进水水质的变化、充氧量的变化等都可以引起活性污泥组成的变化，微型动物体积比细菌要大得多，比较容易观察和发现微型动物的变化，因而可以作为污水处理的指示生物。具体微生物的形态构造，可参阅水处理微生物的相关教材。通过长期实验及工程经验的积累，微生物的指示作用可归纳如下。

（1）混合液溶解氧含量正常，活性污泥生长、净化功能强时，出现的原生动物主要是固着型的纤毛虫，如钟虫属、累枝虫属、盖虫属、聚缩虫属等，一般以钟虫属居多。这类纤毛虫以体柄分泌的黏液固潜在污泥絮体上，它们的出现说明污泥凝聚沉淀性能较好。此时，若进水负荷较低，出水水质肯定良好，而且还会在镜检时发现轮虫等以细菌为食的后生动物。

（2）在曝气池启动阶段，即活性污泥培养的初期，活性污泥的菌胶团性能和状态尚未良好形成的时候，有机负荷率相对较高而 DO 含量较低，此时混合液中存在大量游离细菌，也就会出现大量的游泳型的纤毛虫类原生动物，比如豆型虫、肾型虫、草履虫等。

（3）混合液溶解氧不足时，可能出现的原生动物较少，主要是适应缺氧环境的扭头虫。这是一种体形较大的纤毛虫，体长 40～300 mm，主要以细菌为食，适应中等污染程度的水域。因此镜检时一旦发现原生动物以扭头虫居多，说明曝气池内已出现厌氧反应，需要及时采取降低进水负荷和加大曝气量等有效措施。

（4）混合液曝气过度或采用延时曝气工艺时，活性污泥因氧化过度使其凝聚沉降性能变差，呈细分散状，各种变形虫和轮虫会成为优势菌种。

（5）活性污泥分散解体时，出水变得很浑浊，这时候出现的原生动物主要是小变形虫，如辐射变形虫等。这些原生动物体形微小、构造简单，以细菌为食、行动迟缓，如果发现有大量这样的原生动物出现，就应当立即减少回流污量和曝气量。

（6）进水浓度极低时，会出现大量的游仆虫属、鞍甲轮虫属、异尾轮虫属等原生动物。

（7）原生动物对外界环境变化的敏感性高于细菌，冲击负荷和有毒物质进入时作为活性污泥中敏感性最高的原生动物，盾纤虫的数量就会急剧减少。

（8）活性污泥性能不好时，会出现鞭毛虫类原生动物，一般只有波豆虫属和屋滴虫属出现，当活性污泥状态极端恶化时，原生动物和后生动物都会消失。

（9）在活性污泥状况逐渐恢复时，会出现漫游虫属、斜管虫属、尖毛虫属等缓慢游动或匍匐前进的原生动物，和曝气池启动阶段的原生动物种类相似。

三、实验仪器及试剂

（1）显微镜。

（2）污水处理厂中曝气池内的活性污泥。

（3）载玻片、盖玻片、滴管等若干。

四、实验步骤

（1）放置显微镜，并调好位置和光线。
（2）用滴管吸取少量（一滴）污泥混合液滴至玻片上。
（3）将玻片放在显微镜上由低倍到高倍进行观察。
（4）将看见的微生物用笔画下来。
（5）对照水生微生物图谱进行分析，并根据微生物的指示作用分析水质。

五、实验结果

（1）整理观察资料。
（2）判断水质处理情况。

六、知识补充

微生物在调试过程中起着很重要的指示作用，通过镜检观察，根据活性污泥中的微生物可以发现该活性污泥的好差，其指示作用有：

（1）着生的缘毛目多时，处理效果良好，出水 BOD_5 和浊度低。（如小口钟虫、八钟虫、沟钟虫、褶钟虫、瓶累枝虫、微盘盖虫、独缩虫）这些缘毛目的种类都固定在絮状物上，其中还夹杂一些爬行的栖纤虫、游仆虫、尖毛虫、卑气管叶虫等，这说明是优质而成熟的活性污泥。

（2）小口钟虫在生活污水和工业废水处理很好时往往就是优势菌种。

（3）如果大量鞭毛虫出现，而着生的缘毛目很少时，表明净化作用较差。

（4）大量的自由游泳的纤毛虫出现，指示净化作用不太好，出水浊度上升。

（5）如发现主要有柄纤毛虫，如钟虫、累枝虫、盖虫、轮虫、寡毛类时，则水质澄清良好，出水清澈透明，酚类去除率在90%以上。

（6）根足虫的大量出现，往往是污泥中毒的表现。

（7）如在生活污水处理中，累枝虫的大量出现，则是污泥膨胀、解絮的征兆。

（8）而在印染废水中，累枝虫则作为污泥正常或改善的指示生物。

（9）在石油废水处理中钟虫出现是理想的效果。

（10）过量的轮虫出现，则是污泥要膨胀的预兆。

另外在一些原生动物不宜生长的污泥中，主要看菌胶团的大小，用数量来判断处理效果。

实验四 活性污泥性质的测定（一）

一、实验目的

（1）加深对活性污泥性能，特别是污泥活性的理解。

（2）掌握活性污泥沉降比和污泥浓度的测定方法。

（3）掌握滤纸过滤分离泥水的操作。

二、实验原理

活性污泥是人工培养的生物絮凝体，它是由好氧微生物及其吸附的有机物组成的。活性污泥具有吸附和分解废水中的有机物（也有些可分解无机物质）的能力，显示出生物化学活性。在生物处理废水的设备运转管理中，除用显微镜观察外，下面几项污泥性质是经常要测定的。这些指标反映了污泥的活性，它们与剩余污泥排放量及处理效果等都有密切关系。

SV%是一种测定快速，方法简单方便的活性污泥运行参数，因此在活性污泥法工程实践上尤其是小型污水处理厂常常结合曝气池污泥浓度这一指标进行综合分析，来指导工程运行。例如，利用 SV%的高低判断曝气池污泥浓度以及污泥膨胀情况。当 SV%较低（＜25%）时，揭示曝气池状况良好，但污泥浓度过低时，需适当减少剩余污泥的排放量；而当 SV%较高（＞35%）时，则揭示曝气池污泥浓度过高，且污泥有一定的膨胀现象，此时需适当增加剩余污泥的排放量。

根据目前活性污泥法废水处理厂的运行经验来看，污泥的沉降体积在 30%左右，SVI 值在 100 左右时，活性污泥的絮凝、沉降性能以及吸附能力均良好。当 SVI 值超过 200 时，一般认为污泥的沉降性能较差。但 SVI 值过低的污泥，则泥粒细小紧密，无机物多，缺乏活性和吸附能力，故一般亦不希望 SVI 值低于 50。

三、实验仪器

（1）真空过滤装置 1 套。

（2）分析天平 1 台。

（3）定性滤纸。

（4）三角漏斗。

（5）天平、烘箱、量筒（100 mL）等。

四、实验方法与操作步骤

（1）污泥沉降比 SV（%）。它是指曝气池中取混合均匀的泥水混合液 100 mL 置于 100 mL 量筒中，静置 30 min 后，观察沉降的污泥占整个混合液的比例，记下结果。

（2）污泥浓度 MLSS。就是单位体积的曝气池混合液中所含污泥的干重，实际上是指混合液悬浮固体的数量，单位为 g/L。

① 测定方法。

a. 将滤纸装入称量瓶中放在 105℃烘箱或水分快速测定仪中干燥至恒重，称量并记录（W_1）。

b. 将该滤纸铺在三角漏斗上。

c. 用量筒移取 20 mL 泥水混合液，过滤（用水冲净量筒，水也倒入漏斗）。

d. 将载有污泥的滤纸和称量瓶移入烘箱（105℃，约 2 h）或快速水分测定仪中烘干至恒重，称量并记录（W_2）。

② 计算。

污泥浓度（mg/L）＝[（滤纸质量+称量瓶质量+污泥干重）−（滤纸质量+称量瓶质量）]×5×10^4

（3）污泥指数 SVI。污泥指数全称污泥容积指数，是指曝气池混合液经 30 min 静沉后，1 g 干污泥所占的容积（单位为 mL/g）。计算式如下：

$$SVI = \frac{SV(\%) \times 10(mL/L)}{MLSS(g/L)}$$

SVI 值能较好地反映出活性污泥的松散程度（活性）和凝聚、沉淀性能。一般在 100 左右为宜。

五、实验数据处理

$$MLSS(mg/L) = \frac{W_2 - W_1}{V}$$

式中：W_1 —— 滤纸的净重，mg；

W_2 —— 滤纸及截留悬浮物固体的质量之和，mg；

V —— 水样体积，L。

$$SVI = \frac{SV(\%) \times 10(mL/g)}{MLSS(g/L)}$$

六、实验结果

（1）由测出的 SV、MLSS 值计算出 SVI 值。

（2）根据 SV 和 SVI 值分析污泥性能。

实验五 活性污泥性质的测定（二）

一、实验目的

（1）掌握污泥灰分的测定方法。

（2）掌握挥发性污泥浓度的测定方法。

二、实验原理

活性污泥的沉淀性能与其含水率有关，含水率高的沉淀性能差。正常活性污泥的凝聚、沉淀性能好，经 30 min 沉降后含水率一般在 90% 左右，其中固体物质仅占 1% 左右。工程上将活性污泥所含的固体物质以悬浮固体（MLSS）、挥发性悬浮团体（MLVSS）和灰分（NVSS）分别表示，MLSS 代表这些固体物质的总量；MLVSS 代表其中的有机部分；NVSS 代表其中的无机部分。

在工程实际中，活性污泥中的微生物量是通过测定活性污泥中挥发性悬浮固体（MLVSS）量的方法来间接表示的。因为微生物的含量与以 MLVSS 为表征的污泥固体中的有机物的含量呈正相关关系，活性污泥中 MLVSS 量的多少，可相对表示微生物量的多少。通常，活性污泥的 MLVSS 中所含微生物量的比例，随入流废水的性质（如废水中不可生物降解的有机悬浮固体或称有机惰性固体（nbVSS）的含量）和活性污泥的活性而异。

$$污泥灰分=灰分质量/干污泥质量×100\%$$
$$MLVSS=（干污泥质量-灰分质量）/100×1\,000$$

三、实验仪器及试剂

（1）瓷坩埚。

（2）天平。

（3）烘箱。

（4）马弗炉。

（5）电炉。

四、实验步骤

污泥灰分和挥发性污泥浓度 MLVSS，挥发性污泥就是挥发性悬浮固体，它包括微生物和有机物，干污泥经灼烧后（600℃）剩下的灰分称为污泥灰分。

（1）测定方法。先将已知恒重的磁坩埚称量并记录（W_3），再将测定过污泥干重的滤纸和干污泥一并放入磁坩埚中，先在普通电炉上加热炭化，然后放入马弗炉内（600℃）烧 40 min，取出放入干燥器内冷却，称量（W_4）。

（2）计算。

$$污泥灰分 = \frac{灰分质量}{干污泥质量} \times 100\%$$

$$MLVSS = \frac{干污泥质量 - 灰分质量}{100} \times 1\,000\ (g/L)$$

在一般情况下，MLVSS/MLSS 的比值较固定，对于生活污水处理池的活性污泥混合液，其比值常在 0.75 左右。

五、实验报告记载及数据处理

$$MLVSS = \frac{(W_2 - W_1) - (W_4 - W_3)}{V}\ (mg/L)$$

式中：W_1 —— 滤纸的净重，mg；

$\qquad W_2$ —— 滤纸及干污泥质量之和；

$\qquad V$ —— 活性污泥体积；

$\qquad W_3$ —— 坩埚质量，mg；

$\qquad W_4$ —— 坩埚与干污泥总质量，mg。

六、实验结果

（1）由测出灰分含量和干污泥质量计算 MLVSS 值。

（2）比较 MLSS 和 MLVSS 的关系。

七、注意事项

（1）测定坩埚质量时，应将坩埚放在马弗炉中灼烧至恒重为止。

（2）由于实验项目多，实验前准备工作要充分，不要弄乱。

（3）仪器设备应按说明调整好，使误差减小。

实验六　清水曝气充氧实验

一、实验目的

活性污泥法处理评价过程中曝气设备的作用是使空气、活性污泥和污染物三者充分混合，使活性污泥处于悬浮状态，促使氧气从气相转移到液相，从液相转移到活性污泥上，保证微生物有足够的氧进行物质代谢。由于氧的供应是保证生化处理过程正常进行的主要因素之一，因此，工程设计人员和操作管理人员常需通过实验确定氧的总传递系数 K_{La}、评价曝气设备的供氧能力和动力效率。

通过本实验希望达到下述目的：

（1）掌握测定曝气设备的氧总传递系数和充氧能力的方法。

（2）掌握测定修正系数 a、b 的方法。

（3）了解各种测试方法和数据整理方法的特点。

二、实验原理

评价曝气设备充氧能力的试验方法有两种：

（1）不稳定状态下进行实验，即试验过程水中溶解氧浓度保持不变。

（2）稳定状态下的试验，即试验过程水中溶解氧浓度保持不变。试验可以用清水或在生产运行条件下进行。下面分别介绍两种方法的基本原理。

（一）不稳定状态下进行试验

在生产现场用自来水或曝气池流出的上清液进行试验时，先用亚硫酸钠（或氮气）进行脱氧，使水中溶解氧降到零，然后再曝气，直至溶解氧升高到接近饱和水平。假定这个过程中液体是完全混合的，符合一级动力学反应，水中溶解氧的变化可以用公式（2-6-1）表示：

$$\frac{\mathrm{d}c}{\mathrm{d}r} = K_{La}(C_s - C) \tag{2-6-1}$$

式中：$\dfrac{\mathrm{d}c}{\mathrm{d}r}$——氧转移速率，mg/L·h。

K_{La}——氧的总传递系数（1/h），K_{La} 可以认为是一混合系数。它的倒数表示使水中的溶解氧由 C 变到 C_s 所需要的时间，是气液界面阻力和界面面积的函数。

C_s —— 实验条件下自来水（或污水）的溶解氧饱和浓度（mg/L）。

C —— 相应于某一时刻 t 的溶解氧浓度（mg/L）。

将式（2-6-1）积分得 $\ln(C_s - C) = -K_{La} \cdot t + 常数$。

通过试验测得 C_s 和相应于每一时刻 t 的溶解氧 C 值后，绘制 $\ln(C_s - C)$ 与 t 的关系曲线，其斜率即 K_{La}。另一种方法是先作 C 与 t 关系曲线，再作对应于不同 C 值的切线，得到相应的 dc/dt 与 C 的关系曲线，也可以求得 K_{La}。

另一种不稳定状态下的试验是在现场实际生产运行条件下进行，具体实验方法见实验步骤。由于测试过程微生物始终在进行呼吸，影响着氧的转移，因此，这种情况下表示溶解氧浓度变化的公式应做修正，计算公式如式（2-6-2）所示：

$$\frac{dc}{dr} = K_{La}(C_s - C) - r \tag{2-6-2}$$

式中：r —— 微生物的呼吸速率（mg/L·h）。

C_s —— 实验条件下污水的溶解氧饱和浓度（mg/L）；其余符号同式（2-6-1）。

式（2-6-2）整理后得：

$$\frac{dc}{dr} = (K_{La}C_{sw} - r) - K_{La}C \tag{2-6-3}$$

式（2-6-3）表明，若实验时微生物呼吸速率相对稳定，则式中的第一项 $(K_{La}C_{sw} - r)$ 可看作是常数，因此，只要测定曝气池的溶解氧浓度 C 随时间的变化，便可求得 K_{La} 值，求 K_{La} 的方法如前所述。

（二）稳定状态下进行试验

如果能正确的测定活性污泥的呼吸速率，也可以在现场生产运行条件下用充氧试验测定曝气设备的充氧能力。试验时先停止进水和回流污泥，使溶解氧浓度稳定不变，并取出混合液测定活性污泥的呼吸速率。由于溶解氧浓度稳定不变，$\frac{dc}{dr} = 0$，即 $\frac{dc}{dr} = K_{La}(C_{sw} - C) - r = 0$。

$$K_{La} = \frac{r}{C_{sw} - C} \tag{2-6-4}$$

式（2-6-4）表明，测得 r、C_{sw} 和 C 后，可以计算 K_{La}。微生物呼吸速率 r，可以用瓦勃呼吸仪或本实验中所采用的简便方法进行测定（详见实验步骤）。

由于溶解氧饱和浓度、温度、污水性质和搅动程度等因素都影响氧的传递速率，在实际应用中为了便于比较，须进行压力和温度校正，把非标准条件下的 K_{La}

转换成标准条件（20℃、760毫米汞柱）下的 K_{La}，通常采用以下公式计算：

$$K_{La(20℃)} = K_{La(r)} \cdot 1.024^{(20-T)} \tag{2-6-5}$$

式中：T —— 试验时的水温 （℃）；

$K_{La(r)}$ —— 水温为 T 时测得的总传递系数 （h^{-1}）；

$K_{La(20℃)}$ —— 水温20℃时的总传递系数 （h^{-1}）；

气压对溶解氧饱和浓度的影响为：

$$C_{s(校正)} = C_{s(试验)} \times \frac{标准大气压}{试验时的大气压} \tag{2-6-6}$$

当采用表面曝气时，可以直接运用式（2-6-6），不须考虑水深的影响。采用鼓风曝气时，空气扩散器常放置于近池底处，由于氧的溶解度受到进入曝气池的空气中氧分压的增大和气泡上升过程氧被吸收分压减少的影响，计算溶解氧饱和值时应考虑水深的影响，一般以扩散器至水面二分之一距离处的溶解氧饱和浓度作为依据。计算方法如下。

（1）平均静水压力。

$$P' = (1 + \frac{10+H}{10}) \times \frac{1}{2} \tag{2-6-7}$$

式中：P' —— 上升气泡受到平均静水压力，N；

H —— 扩散器以上的水深，m。

（2）气泡内氧所占的体积比。

由于气泡上升过程中部分的氧溶解于水，所以当气泡从池底上升到水面时，气泡中氧的比例减少，其数值为：

$$O' = [O_h - (O_h \times \delta)] \times 100\% \tag{2-6-8}$$

式中：O' —— 气泡上升到水面时，气泡内氧的比例；

O_h —— 在池底时，气泡中氧的比例，21%（体积比）；

δ —— 扩散设备的空气利用系数。

池底到池面气泡内氧的比例的平均值为：

$$O_a = \frac{O}{O_h} + \frac{1}{2}\% \tag{2-6-9}$$

（3）氧的平均饱和浓度。

$$C_{s(平均)}=C_{s(标)}\times\frac{P'}{P}\times\frac{O_a}{O_h}$$

(2-6-10)

式中：$C_{s(标)}$ —— 标准条件下氧的饱和浓度，mg/L；

P —— 标准大气压，等于 101.325 kPa。

如果实验时没有测定溶解氧的饱和度，可以查表，替代实验时的溶解氧饱和浓度。

（三）充氧能力和动力效率

充氧能力可以用下式表示：

$$OC=\frac{dc}{dt}\cdot V$$

式中：V —— 曝气池体积（m³）。

采用叶轮表面曝气时：

$$OC=C_{s(标)}K_{La(20℃)}\ （kg\ O_2/h）$$

(2-6-11)

采用鼓风曝气时：

$$OC=K_{La(20℃)}C_{s(标)}\ （kg\ O_2/h）$$

(2-6-12)

动力效率常被用以比较各种曝气设备的经济效率，计算公式如下：

$$E=\frac{OC}{N}$$

(2-6-13)

式中：OC —— 标准条件下的充氧能力，kg O_2/h；

N —— 采用叶轮曝气时，N 为轴功率，kW。

（四）修正系数

通常以修正系数 a、b 来表示污水性质、搅动程度等对于氧的传递、溶解氧饱和浓度的影响。

$$a=\frac{污水的K_{La}}{自来水的K_{La}}$$

(2-6-14)

$$b=\frac{污水的C_s}{自来水的C_s}$$

(2-6-15)

测定污水的 K_{La}、C_s 的方法与清水试验相同，不再另叙，比较曝气设备充氧能力时，一般认为用清水进行试验较好。

上述方法适用于完全混合型曝气设备充氧能力的测定，推流式曝气池中 K_{La}、C_{sw}、C 是沿池长方向变化的，不能采用上述方法进行测定。

三、实验设备及用具

（1）溶解氧测定仪 1 个。

（2）电磁搅拌器 1 台。

（3）广口瓶 250 mL（或依溶解氧探头大小确定）1 个。

（4）秒表 1 块。

（5）烧杯 200 mL 3 个。

（6）药剂：① 无水亚硫酸钠，② 氯化铝等。

四、实验步骤及记录

（1）向有机玻璃塔内注满自来水，测定水样体积 $V = \dfrac{\pi}{4}D^2 \times h$ (L)。

（2）由水温查出实验条件水样溶解氧饱和值 C_s，并根据 C_s 和 V 求投药量，然后投药脱氧。

① 脱氧剂亚硫酸钠（Na_2SO_3）的用量计算，在自来水中加入 $Na_2SO_3 \cdot 7H_2O$ 还原剂来还原水中的溶解氧。

$$2Na_2SO_3 + O_2 \xrightarrow{\ CoCl_2\ } 2Na_2SO_4$$

相对分子质量之比为：

$$\frac{O_2}{2Na_2SO_3 \cdot 7H_2O} = \frac{32}{2 \times 252} \approx \frac{1}{16}$$

故 $Na_2SO_3 \cdot 7H_2O$ 理论用量为水中溶解氧量的 $\dfrac{1}{16}$ 倍，而水中有部分杂质会消耗亚硫酸钠，故实际用量为理论用量的 1.5 倍。所以实验投加的 $Na_2SO_3 \cdot 7H_2O$ 用量为：

$$W = 1.5 \times 16 C_s \cdot V = 24 C_s \cdot V$$

式中：W —— 亚硫酸钠投加量，g；

$\quad\ \ C_s$ —— 实验时水温条件下水中饱和溶解氧值，mg/L；

V —— 水样体积，m^3。

② 根据水样体积 V 确定催化剂（钴盐 $CoCl_2$）的投加量。

经验证明，清水中有效钴离子浓度约 0.4 mg/L 为好，一般使用氯化钴（$CoCl_2 \cdot 6H_2O$）。

因为：

$$\frac{CoCl_2 \cdot 6H_2O}{Co^{2+}} = \frac{238}{59} \approx 4.0$$

所以单位水样投加钴盐量为：$CoCl_2 \cdot 6H_2O$　　　$0.4 \times 4.0 = 1.6$ g/m^3

本实验所需投加钴盐为：$CoCl_2 \cdot 6H_2O$　　　$1.6V$（g）

式中：V —— 水样体积；m^3。

③ 将 Na_2SO_3 用热水化开，均匀倒入曝气塔内，溶解的钴盐倒入塔内水中，并开启风机进行微风搅动使其混合，进行脱氧。

（3）当清水脱氧至零时，再开大气量进行曝气，并计时。每隔 0.5 min 测定一次溶解氧值（用碘量法每隔 1 min 测定一次），直到溶解氧值达到饱和为止。

五、注意事项

（1）在实验室进行充氧实验时，实验模型较小，故只能有三个测定点，无须布置 9~12 个测定点。

（2）加工泵型叶轮有困难时，可以用压缩空气代替，但应注意实验期间要保证供氧量的恒定。

（3）采用本实验介绍的方法测定微生物呼吸速率 r 时，应使混合液的起始溶解氧大于 6~7 mg/L 才能进行测定。若实验装置内溶解氧较小时，可以取大于 250 mL 的混合液，用压缩空气迅速曝气后再倒入广口瓶中进行测定。

六、实验结果整理

（1）记录实验设备及操作条件的基本参数

试验日期：_____年_____月_____日

模型曝气池：内径 $D=$_____m　　　高度 $H=$_____m　　　体积 $V=$_____m^3

水温_____℃ 室温_____℃ 气压_____（kPa）

实验条件下自来水的 C_{sw}_____mg/L

实验条件下污水的 C_{sw}_____mg/L

电动机输入功率_____

测定点位置_____

CoCl$_2$ 投加量_____（kg 或 g）

Na$_2$SO$_3$ 投加量_____（kg 或 g）

（2）参考表 2-6-1 记录不稳定状态下充氧试验测得的溶解氧值，并进行数据整理。

表 2-6-1　不稳定状态下充氧试验记录

$T/$（min）						
$C/$（mg/L）						
$(C_s-C)/$（mg/L）						

（3）以溶解氧浓度 C 为纵坐标，时间 t 为横坐标，用表 2-6-1 数据描点作 C 与 t 关系曲线。

（4）根据 C 与 t 试验曲线计算相应于不同 C 值的 $\dfrac{\mathrm{d}c}{\mathrm{d}t}$，记录于表2-6-2。

表 2-6-2　不同 C 值的 dc/dt

$C/$（mg/L）					
$\dfrac{\mathrm{d}c}{\mathrm{d}t}/$（mg/L·min）					

（5）以$\ln(C_s-C)$和$\dfrac{\mathrm{d}c}{\mathrm{d}t}$为纵坐标，时间 t 为横坐标，绘制出两条实验曲线。

（6）计算 K_{La}、a、b、充氧能力和动力效率。

七、实验结果讨论

（1）试比较不同的试验方法，你认为哪种较好？

（2）比较数据整理方法，哪一种误差小些？

（3）试考虑如何测定推流式曝气池内曝气设备的 K_{La}？

（4）C_s 值偏大或是偏小对实验结果的影响如何？

实验七　污泥比阻的测定

污泥比阻（或称比阻抗）是表示污泥脱水性能的综合性指标，污泥比阻越大，脱水性能越差，反之脱水性能越好。该指标对工程实践具有重要指导意义，通过这一实验能够测定污泥脱水性能，以此作为选定脱水工艺流程和脱水机械型号的依据之一，也可作为使用混凝剂种类、用量及运行条件的依据。

一、实验目的

（1）掌握测定污泥比阻的实验方法。
（2）掌握污泥脱水药剂的种类、浓度及投药量。
（3）评价污泥脱水性能。

二、实验原理

污泥经重力浓缩或消化后，含水率在97%左右，体积大，不便于运输。因此一般多采用机械脱水，以减小污泥体积。常用的脱水方法有真空过滤、压滤、离心脱水等。

污泥机械脱水是以过滤介质两面的压力差作为推动力，使污泥水分被强制通过过滤介质，形成滤液；而固体颗粒被截留在介质上，形成滤饼。从而达到脱水的目的。

造成压力差（过滤的推动力）的方法有四种：
（1）依靠污泥本身厚度的静压力（如污泥自然干化场的渗透脱水）。
（2）在过滤介质的一面造成负压（如真空过滤脱水）。
（3）加压污泥把水分压过过滤介质（如压滤脱水）。
（4）产生离心力作为推动力（如离心脱水）。

影响污泥脱水的因素较多，主要有：
（1）原污泥浓度，取决于污泥性质及过滤前浓缩的程度。
（2）污泥含水率。
（3）污泥预处理方法。
（4）压力差大小。
（5）过滤介质种类、性质等。

经过实验推导出过滤基本方程式：

$$\frac{t}{V} = \frac{\mu \cdot r \cdot \omega}{2PA^2}V + \frac{\mu R_f}{PA}$$ （2-7-1）

式中：t —— 过滤时间，s；

V —— 滤液体积，m^3；

P —— 过滤压力，kg/m^2；

A —— 过滤面积，m^2；

μ —— 滤液动力黏度，$kg \cdot s/m^2$；

ω —— 滤过单位体积的滤液在过滤介质上截流的干固体重量，kg/m^3；

r —— 比阻，m/kg；

R_f —— 过滤介质的阻抗，L/m^2。

公式给出了在压力一定的条件下过滤，滤液的体积 V 与时间 t 的函数关系，指出了过滤面积 A、压力 P、污泥性能 μ、r 值等对过滤的影响。

污泥比阻 r 值是表示污泥过滤特性的综合指标。其物理意义是单位过滤面积上，单位干重滤饼所具有的阻力，即单位重量的污泥在一定压力下过滤时在单位面积上的阻力。

其大小根据过滤方程有：

$$r = \frac{2PA^2}{\mu} \cdot \frac{b}{\omega}$$ （2-7-2）

该式是由实验推导而来，参数 b、ω 均要通过实验测定，不能用公式直接计算。而 b 为过滤基本方程式（2-7-1）中 t/V-V 直线的斜率。

$$b = \frac{\mu \cdot r \cdot \omega}{2PA^2}$$ （2-7-3）

故以定压下抽滤实验为基础，测定一系列的 t-V 数据，即测定不同过滤时间 t 时滤液量 V，并以滤液 V 为横坐标，以 t/V 为纵坐标，所得直线斜率即为 b。

根据定义，按下式可求得 ω 值：

$$\omega = \frac{(Q_0 - Q_y)}{Q_y} \cdot C_g$$ （2-7-4）

式中：Q_0 —— 污泥量，mL；

Q_y —— 滤液量，mL；

C_g —— 滤饼中固体物质浓度，g/mL。

根据液体平衡关系可写出：

$$Q_0 = Q_y + Q_g \qquad (2\text{-}7\text{-}5)$$

根据固体物质的平衡关系可写出：

$$Q_0 C_0 = Q_y C_y + Q_g C_g \qquad (2\text{-}7\text{-}6)$$

式中：C_0 —— 原污泥中固体物质浓度，g/mL；

$\quad C_y$ —— 滤液固体物质浓度，g/mL；

$\quad Q_g$ —— 滤饼量，mL。

由以上各式得：

$$Q_y = \frac{Q_0(C_0 - C_g)}{C_y - C_g} \qquad (2\text{-}7\text{-}7)$$

简化后得：

$$\omega = \frac{C_g \cdot C_0}{C_g - C_0} \qquad (2\text{-}7\text{-}8)$$

则由式（2-7-2）可求的 r 值，根据 r 值可判断污泥脱水性能。

$r > 10^{12} \sim 10^{13}$ cm/g，污泥难以过滤；$r = (0.5 \sim 0.9) \times 10^{12}$ cm/g，污泥过滤性能尚可；$r < 0.4 \times 10^{12}$ cm/g，污泥易于过滤。

在应用中由于单位制的不同，污泥比阻还有一个单位：s^2/g。两者之间换算关系为：

$$1 \text{ m/kg} = 9.81 \times 10^3 \text{ s}^2/\text{g}$$

即 $r > 10^8 \sim 10^9$ s^2/g，污泥难以过滤；$r = (0.5 \sim 0.9) \times 10^8$ s^2/g，污泥过滤性能尚可；$r < 0.4 \times 10^8$ s^2/g，污泥易于过滤。

活性污泥的比阻为 $(16.8 \sim 28.8) \times 10^9$ s^2/g[$(164.8 \sim 282.5) \times 10^{12}$ m/kg]，属于难过滤污泥。故在污泥脱水中，往往要进行化学调节，即采用向污泥中投加混凝剂的方法降低污泥比阻，达到改善污泥脱水性能的目的，而影响化学调节的因素，除污泥本身的性质外，一般还有混凝剂的种类、浓度、投加量和化学反应时间。在相同实验条件下，采用不同药剂、浓度、投加量、反应时间，可以通过污泥比阻实验选择最佳条件。

三、主要实验设备及药品

（1）实验装置如图 2-7-1 所示。

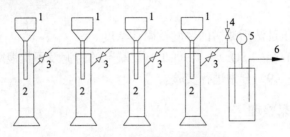

图 2-7-1　污泥比阻实验装置

1. 布氏漏斗；2. 量筒；3. 调节阀；4. 放气阀；5. 真空表；6. 接真空泵

（2）真空泵。

（3）分析天平。

（4）具塞 100 mL 玻璃量筒。

（5）烘箱。

（6）秒表。

四、实验步骤

（1）测定污泥的固体浓度 C_0。

（2）配制 $FeCl_3$（10 g/L）和 $Al_2(SO_4)_3$（10 g/L）混凝剂溶液。

（3）用 $FeCl_3$（10 g/L）混凝剂调节污泥（每组加一种混凝剂量，加量分别为污泥干重的 5%、6%、7%、8%、9%、10%）。污泥中加入混凝剂后应充分搅拌混合。

（4）在布氏漏斗上放置快速滤纸（直径大于漏斗，最好大于一倍），用水润湿，贴紧周底。

（5）启动真空泵，用调节阀调节真空压力到比实验压力小约 1/3，实验压力为 35.5 kPa（真空度 266 mmHg）或 70.9 kPa（真空度 532 mmHg），使滤纸紧贴漏斗底，关闭真空泵。

（6）放 50～100 mL 调节好的污泥在漏斗内（污泥高度不超过滤纸高度），使其依靠重力过滤 1 min，启动真空泵，调节真空压力到实验压力，记下此时计量筒内的滤液体积 V_0。启动秒表，在整个实验过程中，仔细调节真空度调节阀，以保持实验压力恒定。

（7）每隔一定时间（开始过滤时每隔 10～15 s，滤速减慢后可每隔 30～60 s），记下计量筒内相应的滤液体积 V'。

（8）定压过滤至滤饼破裂，真空破坏，如真空长时间不破坏，则过滤 20 min 后即可停止。

（9）测出定压过滤后滤饼的厚度及固体浓度。

（10）另取加 $Al_2(SO_4)_3$（10 g/L）混凝剂的污泥及不加混凝剂的污泥，按实验步骤（4）～（9）分别进行实验。

五、实验结果整理

实验真空度：_____kPa；$FeCl_3$浓度：_____；$Al_2(SO_4)_3$浓度：_____；
原污泥浓度：_____mg/L；滤饼浓度：_____mg/L。

表 2-7-1　污泥比阻实验记录

时间 $t/$（s）	计量管内滤液 $V'/$（mL）	滤液量（$V'-V_0$）/（mL）	$t/V/$（s/mL）

（1）以 t/V 为纵坐标，V 为横坐标作图，求 b。

（2）根据原污泥浓度和滤饼浓度求 ω。

（3）计算实验条件下的污泥比阻 r。

六、思考题

（1）污泥过滤时，造成压力差（过滤的推动力）的方法有哪几种？

（2）测定污泥比阻在工程上有何实际意义？

（3）污泥机械脱水前进行预处理的方法有哪几种？

（4）污泥脱水常用的混凝剂有哪些？

（5）常用的污泥机械脱水的方法有哪些？

实验八　厌氧消化实验

一、实验目的

（1）了解和掌握废水厌氧消化实验方法。

（2）分析葡萄糖和苯酚的厌氧可生物降解性及生物抑制性。

二、实验装置及材料

（1）实验装置。

废水厌氧消化实验装置如图 2-8-1 所示。它主要由锥形瓶和恒温水浴箱组成，3 个锥形瓶分别作为消化瓶、集气瓶和计量瓶。恒温水浴箱提供适宜的温度。

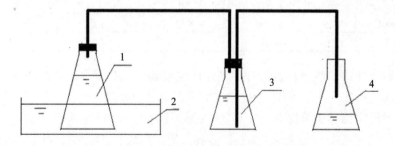

图 2-8-1　厌氧消化实验装置示意图

1. 消化瓶；2. 恒温水浴箱；3. 集气瓶；4. 计量瓶

（2）锥形瓶（计量瓶可直接用量筒代替）。

（3）COD 和苯酚测定装置。

（4）葡萄糖、苯酚、碳酸氢钠、硫酸铵、氯化铁、磷酸二氢钾等。

（5）厌氧污泥。

三、实验步骤

（1）含酚废水的配制：用脱 O_2 蒸馏水配制 5 种不同浓度的含酚废水，见表 2-8-1。

表 2-8-1　不同浓度的含酚废水配制表

苯酚/（mg/L）	75	150	450	750	1 500
COD/（mg/L）	157.5	315	945	1575	3 150
硫酸铵/（mg/L）	22	44	130	217	435
K_2HPO_4/（mg/L）	5	10	30	51	102
$NaHCO_3$/（mg/L）	75	150	450	750	1 500
$FeCl_3$/（mg/L）	10	10	10	10	10

（2）含葡萄糖废水的配制：用脱 O_2 蒸馏水配制 5 种不同浓度的含葡萄糖废水，见表 2-8-2。

表 2-8-2　不同浓度的含葡萄糖废水配制表

葡萄糖/（mg/L）	75	150	450	750	1 500
COD/（mg/L）	80	160	480	800	1 600
硫酸铵/（mg/L）	22	44	130	217	435
K_2HPO_4/（mg/L）	5	10	30	51	102
$NaHCO_3$/（mg/L）	75	150	450	750	1 500
$FeCl_3$/（mg/L）	10	10	10	10	10

（3）接种污泥：取城市污水处理厂消化污泥或其他工业废水厌氧处理系统的污泥，经筛选（<20 日）后测定 VSS 含量，作为接种污泥。

（4）在恒温室，检查管路是否密封，并编号待用。

（5）在各消化瓶中分别加入 250 mL 接种污泥。然后在 1#～5#消化瓶中分别加入 5 种葡萄糖废水各 250 mL，在 6#～10#消化瓶中加入 5 种含酚废水各 250 mL；在 11#消化瓶中加入脱 O_2 蒸馏水。密封放入恒温室。

（6）每日计量各消化系统的排水量（即产气量），并将结果记入表 2-8-3 中。集气瓶中的水随着产气量的增加将逐渐减少，应定期补加。有条件时，应将消化瓶置于振荡器上，使基质与污泥充分混合；无条件时，应每天定时人工摇动消化瓶 2～4 次。

（7）产气停止时，终止实验，同时测定消化瓶中的 COD 或酚的浓度。通常约 30 d。

四、实验数据与结果整理

（1）将每天的产气量记入表 2-8-3 中。

表 2-8-3　实验记录

投加浓度/(mg/L)	葡萄糖							苯酚				
	0		150		300		……	150		300		……
时间/d	日产气量	累计产气量	日产气量	累计产气量	日产气量	累计产气量	……	日产气量	累计产气量	日产气量	累计产气量	……
1												
2												
3												
……												

注：产气量单位为 L。

（2）以时间为横坐标，累计产气量为纵坐标，绘出内源呼吸及各种不同投加浓度下的葡萄糖和苯酚的累计产气量曲线。

（3）依据产气量曲线分析，判断苯酚的可降解特性。

五、注意事项

（1）实验在恒温室（或恒温水浴中）进行，注意维持反应温度在 33～35℃。

（2）注意实验装置，尤其是消化瓶的密封，否则数据将产生很大误差。

实验九　过滤与反冲洗

一、实验目的

（1）熟悉滤池实验设备和方法。

（2）比较不同加药量过滤的处理效果，加深对过滤原理的理解。

（3）观察滤池反冲洗的情况；滤料的水力筛分现象，滤料层膨胀与冲洗强度。

（4）观察滤料层的水头损失与工作时间的关系，也可以测量不同滤料层的水质以说明大部分过滤效果在顶层完成。

二、实验原理

过滤工艺是给水和废水预处理或深度处理中的一种常见方法，可以采用不同过滤介质进行过滤，如石英砂、无烟煤、活性炭等。滤料层能截留粒径远比滤料孔隙小的水中杂质，主要通过接触絮凝作用，其次为筛滤和沉淀作用。当过滤水头损失达到最大允许水头损失时或出水水质恶化时，需要反冲洗。

三、实验设备及仪器

（1）滤池模型，如图 2-9-1 所示。

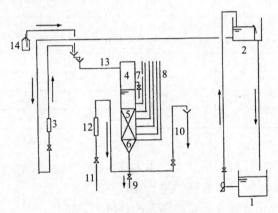

图 2-9-1　砂滤实验流程示意图

1. 低位水箱；2. 高位水箱；3. 流量计；4. 砂滤柱；5. 砂层；6. 垫层；7. 反冲洗出水口；
8. 测压管；9. 放空管；10. 滤后水；11. 冲洗水；12. 流量计；13. 进水管；14. 混凝剂瓶

（2）721 分光光度计。
（3）温度计、秒表、各种玻璃器皿、尺子、浊度仪。

四、实验耗材

$Al_2(SO_4)_3$、生活污水、自配水样。

五、实验步骤

（1）熟悉实验设备。对照实验设备，熟悉滤池及相应的管路系统，包括配水设备、加药装置、过滤柱、滤水阀门及流量计、反冲洗阀门、测压管等。
（2）进行滤料层反冲洗膨胀与反冲洗强度关系的测定。首先标出滤料层原始高度及各膨胀率对应的高度，然后打开反冲洗排水阀，再慢慢开启反冲洗进水阀，用自来水对滤料层进行反冲洗，测量一定膨胀率（10%、30%、40%、50%、60%、70%）下的流量，并测水温。

（3）进行过滤周期运行情况测定。关闭反冲洗进水阀及排水阀，滤池出水阀全部打开，待滤柱中水面下降到测压管水位 10～15 cm 处时，打开滤池进水阀门。流量控制在_____L/h，相应滤速为_____m/h，加药量控制在_____mL/min，$Al_2(SO_4)_3$ 药剂浓度为 1%，相应加药量为_____mg/L。3～5 min 后，滤柱中水面达到相对稳定，以此时作为过滤周期的起点时刻开始测定，测定间隔 15 min，测定项目为各测压管水位、进出水浊度、水温。由于实验时间有限，过滤周期运行 2 h 左右即可结束。此时关闭滤池进水阀、滤池出水阀及加药装置。

（4）进行过滤后的滤柱反冲洗。打开反冲洗排水阀，再开反冲洗进水阀，控制滤池膨胀率为 50%，观察冲洗水浊度的变化情况，5 min 后结束实验。

六、实验数据记录与分析

（1）计算并填写表 2-9-1 和表 2-9-2。

日　　期：　　　　　　　　　滤池号：

滤池直径：　　　　　　　　　断面面积：

滤　　料：　　　　　　　　　当量直径：

原水及预处理过程：

平均水温：　　　　　　　　　平均滤速：

表 2-9-1　滤池反冲洗记录用表

历时/min	滤层原高度/cm	膨胀后高度/cm	膨胀率/%	冲洗水流量/（L/h）	冲洗强度/[L/(m²·s)]	冲洗排水温度/℃	说明

（2）绘制过滤时滤料层水头损失与时间的关系曲线。

（3）绘制冲洗强度与滤料层膨胀率的关系曲线。

表 2-9-2　经混凝预处理的过滤记录用表

加药量=_____ mg/L[以 Al$_2$（SO$_4$）$_3$计]

时间/min	流量/(mL/min)	滤速/(m/h)	浊度/ntu		水位/cm						
			进水	出水	滤池水面	滤层A点	滤层B点	滤层C点	滤层D点	滤层E点	滤池出水
15											
30											
45											
60											

七、思考题

（1）实测并绘制实验设备草图，注明各部分的主要尺寸。

（2）实验过程中的心得及存在的问题。

（3）浊度去除率与时间 t 应该呈何种变化关系？

实验十　活性炭吸附实验

一、实验目的

本实验采用活性炭间歇和连续吸附的方法确定活性炭对水中所含某些杂质的吸附能力。希望达到下述目的：

（1）加深理解吸附的基本原理。

（2）掌握活性炭吸附公式中常数的确定方法。

二、实验原理

活性炭处理工艺是运用吸附的方法来去除异味、某些离子以及难以进行生物降解的有机污染物。在吸附过程中，活性炭比表面积起着主要作用。同时，被吸附物质在溶剂中的溶解度也直接影响吸附的速度。此外，pH 的高低、温度的变化和被吸附物质的分散程度也对吸附速度有一定影响。

活性炭对水中所含杂质的吸附既有物理吸附现象，也有化学吸着作用。有一些被吸附物质先在活性炭表面上积聚浓缩，继而进入固体晶格原子或分子之间被吸附，还有一些特殊物质则与活性炭分子结合而被吸着。

当活性炭吸附水中所含杂质时，水中的溶解性杂质在活性炭表面积聚而被吸附，同时也有一些被吸附物质由于分子的运动而离开活性炭表面，重新进入水中即同时发生解吸现象。当吸附和解吸处于动态平衡状态时，称为吸附平衡。这时活性炭和水（即固相和液相）之间的溶质浓度，具有一定的分布比值。如果在一定压力和温度条件下，用 m 克活性炭吸附溶液中的溶质，被吸附的溶质为 x 毫克，则单位重量的活性炭吸附溶质的数量为 q_e，即吸附容量，可按下式计算：

$$q_e = \frac{x}{m}$$

q_e 的大小除了决定于活性炭的品种之外，还与被吸附物质的性质、浓度、水的温度及 pH 值有关。一般来说，当被吸附的物质能够与活性炭发生结合反应、被吸附物质又不容易溶解于水而受到水的排斥作用，且活性炭对被吸附物质的亲和作用力强、被吸附物质的浓度又较大时，q_e 值就比较大。

描述吸附容量 q_e 与吸附平衡时溶液浓度 C 的关系有 Langmuir、BET 和 Fruendlich 吸附等表达式。

在水和污水处理中通常用 Fruendlich 表达式来比较不同温度和不同溶液浓度时的活性炭的吸附容量，即：

$$q_e = KC^{\frac{1}{n}}$$

式中：q_e —— 吸附容量，mg/g；

  K —— 与吸附比表面积、温度有关的系数；

  n —— 与温度有关的常数，$n > 1$；

  C —— 吸附平衡时的溶液浓度，mg/L。

这是一个经验公式，通常用图解方法求出 K、n 的值，为了方便易解，往往将上一公式变换成线性对数关系式：

$$\lg q_e = \lg \frac{(C_0 - C_1)}{m} = \lg K + \frac{1}{n} \lg C$$

式中：C_0 —— 水中被吸附物质原始浓度，mg/L；

  C —— 被吸附物质的平衡浓度，mg/L；

  m —— 活性炭投加量，g/L。

连续流活性炭的吸附过程同间歇性吸附有所不同，这主要是因为前者被吸附的杂质来不及达到平衡浓度 C，因此不能直接应用上述公式。这时应对吸附柱进行被吸附杂质泄漏和活性炭耗竭过程实验，也可简单地采用 Bohart-Adams 关系式：

$$T = \frac{N_0}{C_0 V}\left[D - \frac{V_3}{KN_3}\ln\left(\frac{C_0}{C_5}-1\right)\right]$$

式中：T —— 工作时间，h；

V —— 吸附柱中流速，m/h；

D —— 活性炭层厚度，m；

K —— 流速常数，m/s·h；

N_0 —— 吸附容量，g/m；

C_0 —— 入流溶质浓度，mg/L；

C_B —— 容许出流溶质浓度，mg/L。

根据入流、出流溶质浓度，可用下式估算活性炭柱吸附层的临界厚度，即保持出流溶质浓度不超过 C_B 的炭层理论厚度：

$$D_0 = \frac{KN_0}{V} - \ln\left(\frac{C_B}{C_0}-1\right)$$

式中，D_0 为临界厚度，其余变量符号同上面。

在实验时如果原水样溶质浓度为 C_{01}，用三个活性炭柱串联，则第一个活性炭柱的出流浓度 C_{B1} 即为第二个活性炭柱的入流浓度 C_{02}，第二个活性炭柱的出流浓度 C_{B2} 即为第三个活性炭柱的入流浓度 C_{03}。由各炭柱不同的入流、出流浓度 C_0、C_B 便可求出流速常数 K 值。

三、实验装置与设备

（一）实验装置

本实验间歇性吸附采用三角烧杯内装入活性炭和水样进行振荡的方法，连续流式采用有机玻璃柱内装活性炭、水流自上而下连续进出的方法。图 2-10-1 是连续流吸附实验装置示意图。

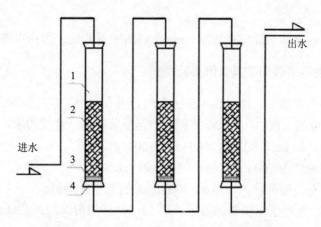

图 2-10-1 活性炭连续流吸附实验装置示意图

1. 有机玻璃管；2. 活性炭层；3. 承托；4. 单孔橡胶塞

（二）实验设备及仪器仪表

（1）振荡器：1 台。

（2）pH 计：1 台。

（3）活性炭柱：d 25 mm×1 000 mm 有机玻璃管，3 根。

（4）活性炭：15 号，2 kg。

（5）水样调配箱硬塑料焊制，长×宽×高 0.5 m×0.5 m×0.6 m，1 个。

（6）恒温箱：硬塑料焊制，长×宽×高 0.3 m×0.3 m×0.4 m，1 个。

（7）测 COD 仪器 1 套。

（8）温度计：刻度 0～100℃，1 支。

（9）水泵：1 台。

四、实验步骤

（一）画出标准曲线

（1）配置 10 mg/L 的亚甲蓝溶液。

（2）用分光光度计得出吸收与波长的关系。

（3）确定产生最大吸收时的波长（给出最大吸收波长 660 nm）。

（4）将 1 步准备的亚甲蓝稀释，取 0 mL、2 mL、6 mL、10 mL、14 mL、18 mL、22 mL 的 10 mg/L 亚甲蓝，用比色管定容到 25 mL，用分光光度计用 3 步所得波

长测得吸光度。

（5）画出吸收量与亚甲蓝浓度（mol/L）的关系曲线，即标准曲线。

（二）吸附等温线间歇式吸附实验步骤

（1）将活性炭粉末，用蒸馏水洗去细粉，并在 105℃温度下烘干至恒重。

（2）在三角玻璃瓶中，装入以下重量的已准备好的活性炭粉末：0 mg、10 mg、20 mg、40 mg、60 mg、80 mg、100 mg、120 mg。

（3）准备浓度为 100 mg/L 的亚甲蓝溶液 1 L。

（4）在三角烧瓶各注入 100 mL 100 mg/L 的亚甲蓝溶液。

（5）将锥形瓶置于恒温振荡器上震动 1 h，然后用静沉法或滤纸过滤法移除活性炭。

（6）测定每个瓶中溶液的吸收量，并用标准图交换为浓度单位。

（7）计算每个瓶中转移到活性炭表面上的亚甲蓝的量，以克分子（活性炭）表示。

（三）连续流吸附实验步骤

（1）在管中装入活性炭，活性炭必须用蒸馏水彻底浸透，以防止在实验中截留空气。

（2）用自来水配制 0.000 4 mol/L 的亚甲蓝投配溶液。

（3）调整通过吸入的流量至 25 mL/ min·cm。

（4）将调好流量的投配溶液与吸附管接通，由 0 开始记录时间。

（5）开始投配 1 h 后，取样并测定亚甲蓝的浓度，此后每日起码取样并测定 5 次，直至整个管子穿透。

五、实验结果分析

1. 吸附等温线

（1）根据测定数据绘制吸附等温线。

（2）确定常数 K、n。

（3）讨论实验数据与吸附等温线的关系。

2. 连续流系统

（1）绘制穿透曲线。

（2）计算亚甲蓝在不同时间内转移到活性炭表面的量。计算法可以采用图解面积分法（矩形法或梯形法），求得吸附管进水或出水曲线与时间的面积。

（3）画出去除量与时间的关系线。

六、实验结果讨论

（1）活性炭投加量对于吸附平衡浓度的测定有什么影响，该如何控制？

（2）实验结果受哪些因素影响较大，该如何控制？

实验十一　离子交换软化实验

离子交换软化法在水处理工程中有广泛的应用，强酸性阳离子交换树脂的使用也很普遍。作为水处理工程技术人员应当掌握这种树脂交换容量的测定方法并了解软化水装置的操作运行。

实验十一（一）　强酸性阳离子交换树脂交换容量的测定

一、实验目的

（1）加深对强酸性阳离子交换树脂交换容量的理解。

（2）掌握强酸性阳离子交换树脂交换容量的测定方法。

二、实验原理

交换容量是交换树脂最重要的性能指标，它定量地表示树脂交换能力的大小。树脂交换容量在理论上可以从树脂单元结构粗略地计算出来。强酸性阳离子交换树脂交换容量的测定需经过树脂预处理，即经过酸碱轮番浸泡以去除树脂表面可溶性杂质。测定阳离子交换树脂交换容量常采用碱滴定法，用酚酞作指示剂，按下式计算交换容量：

$$E = \frac{NV}{W \times 固体百分含量} \, \text{mmol/g (干氢树脂)}$$

式中：N——NaOH 标准溶液的单元物质量的浓度，mol/L；

V——NaOH 标准溶液的用量，mL；

W——样品湿树脂重，g。

三、实验设备及用具

（1）天平（万分之一克精度）1 台。

（2）烘箱 1 台。

（3）干燥器 1 个。

（4）250 mL 三角烧瓶 2 个。

（5）10 mL 移液管 2 支。

四、步骤及记录

1. 强酸性阳离子交换树脂的预处理

取样品约 10 g 以 1 mol/L H_2SO_4 或 2 mol/L HCl 与 1 mol/L NaOH 轮番浸泡，即按酸—碱—酸—碱—酸顺序浸泡 5 次，每次两小时，浸泡流体积为树脂体积的 2～3 倍。在酸碱互换时应用 200 mL 无离子水进行洗涤，5 次浸泡结束后用去离子水洗涤到溶液呈中性。

2. 测强酸性阳离子交换树脂固体含量（%）

称取双份 1.000 0 g 的样品，将其中一份放入 105～110℃烘箱中约 2 h，烘干至恒重后放入氯化钙干燥器中冷却至室温，称重，记录干燥后的树脂重。

$$固体含量(\%) = \frac{干燥后的树脂重}{样品重} \times 100$$

3. 强酸性阳离子交换树脂交换容量的测定

将一份 1.000 0 g 的样品置于 250 mL 三角烧瓶中，投加 0.5 mol/L NaCl 溶液 100 mL 摇动 5 分钟，放置两小时后加入 1%酚酞指示剂 3 滴，用 0.100 0 mL NaOH 溶液进行滴定，至呈微红色且 15 秒钟不褪色，即为终点。记录 NaOH 标准溶液的浓度及用量，见表 2-11-1。

表 2-11-1 强酸性阳离子交换树脂交换容量测定记录

湿树脂样品重 W/g	干燥后的树脂重 W/g	树脂固体含量/%	NaOH 标准溶液的浓度 c/(mol/L)	NaOH 标准溶液的用量 V/mL	交换容量 E/(mol/g 干树脂重)

五、成果整理

（1）根据实验测定数据计算树脂固体含量。
（2）根据实验测定数据计算树脂交换容量。

六、思考题

（1）测定强酸性阳离子交换树脂交换容量为何用强碱溶液 NaOH 滴定？
（2）写出本实验有关化学反应式。

实验十一（二） 软化试验

一、实验目的

1. 熟悉顺流再生固定床运行操作过程。
2. 加深对钠离子交换基本理论的理解。

二、实验原理

钙离子或镁离子是造成水硬度的主要成分。当含有钙离子或镁离子的水通过装有阳离子交换树脂的交换器时，水中的 Ca^{2+} 和 Mg^{2+} 便与树脂中的可交换离子（钠型树脂中的 Na^+，氢型树脂中的 H^+）交换，使水中的 Ca^{2+} 和 Mg^{2+} 含量降低或基本上全部去除，这个过程叫作离子交换树脂对水的软化。钠离子交换用食盐（NaCl）再生，氢离子交换用盐酸或硫酸再生。基本反应式如下：

软化：

$$2RNa + \begin{Bmatrix} Ca \\ Mg \end{Bmatrix} \begin{cases} (HCO_3)_2 \\ Cl_2 \\ SO_4 \end{cases} \longrightarrow R_2 \begin{Bmatrix} Ca \\ Mg \end{Bmatrix} + \begin{cases} 2Na \begin{cases} HCO_3 \\ Cl \end{cases} \\ Na_2SO_4 \end{cases}$$

再生：

$$R_2 \begin{Bmatrix} Ca \\ Mg \end{Bmatrix} + 2NaCl \longrightarrow 2RNa + \begin{Bmatrix} Ca \\ Mg \end{Bmatrix} Cl_2$$

三、实验设备及用具

（1）软化装置 1 套。

（2）100 mL 量筒 1 个。

（3）秒表 1 块（控制再生液流量用）。

（4）2 000 mm 钢卷尺 1 个。

（5）测硬度所需用品。

（6）食盐数百克。

四、步骤及记录

（1）熟悉实验装置，搞清楚每条管路、每个阀门的作用。

（2）测原水硬度，测量交换柱内径及树脂层高度。

（3）将交换柱内树脂反洗数分钟，反洗流速采用 15 min/h，以去除树脂层的气泡。

（4）软化：运行流速采用 15 min/h，每隔 10 min 测一次水硬度，测两次并进行比较。

（5）改变运行流速：流速分别取 20 m/h、25 m/h、30 m/h，每个流速下运行 5 min，测出硬度。

（6）反洗：冲洗水用自来水，反洗结束将水放到水面高于树脂表面 10 cm 左右。

（7）根据软化装置再生钠离子工作交换容量（mol/L），树脂体积（L），顺流再生钠离子交换 NaCl 耗量（100～120 g/mol）以及食盐 NaCl 含量（海盐 NaCl 含量≥80%～93%），计算再生一次所需食盐量。配制浓度 10%的食盐再生液。

（8）再生：再生流速采用 3～5 m/h。调节再生液瓶出水阀门开启度大小以控制再生液流速。再生液用毕时，将树脂在盐液中浸泡数分钟。

（9）清洗：清洗流速采用 15 m/h，每 5 min 测一次出水硬度，有条件时还可测氯根，直至出水水质合乎要求为止。清洗时间约需 50 min。

（10）清洗完毕结束实验，交换柱内树脂应浸泡在水中。

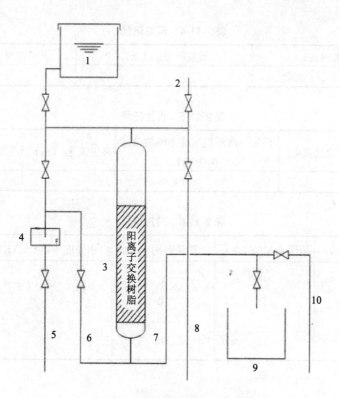

图 2-11-1 软化实验装置示意图

1. 再生液瓶（可定量投加）；2. 排气管；3. 软化柱；4. 转子流量计；5. 原水进水管；
6. 反洗进水管；7. 软化水管；8. 清洗排水管；9. 软化水箱；10. 清洗排水管

表 2-11-2 原水硬度及实验装置有关数据

原水硬度 （以 CaCO₃ 计）/（mg/L）	交换柱内径/cm	树脂层高度/cm	树脂名称及型号

表 2-11-3 交换实验记录

运行流速/（m/h）	运行流量/（L/h）	运行时间/min	出水硬度（以 CaCO₃ 计）/（mg/L）
15		10	
15		10	
20		5	
25		5	
30		5	

表 2-11-4　反洗记录

反洗流速/（m/h）	反洗流量/（L/h）	反洗时间/min

表 2-11-5　再生记录

再生一次所需食盐量/kg	再生一次所需浓度10%的食盐再生液/L	再生流速/（m/h）	再生流量/（mL/s）

表 2-11-6　清洗记录

清洗流速/（m/h）	清洗流量/（L/h）	清洗时间/min	出水硬度（以 $CaCO_3$ 计）/（mg/L）
15		5	
		10	
		……	
		50	

五、成果整理

（1）绘制不同运行流速与出水硬度关系的变化曲线。

（2）绘制不同清洗历时与出水硬度关系的变化曲线。

六、注意事项

（1）反冲洗时注意流量大小，不要将树脂冲走。

（2）再生溶液没有经过过滤器，宜用精制食盐配制。

七、思考题

（1）本实验钠离子交换运行出水硬度是否小于 0.05 mol/L？影响出水硬度的因素有哪些？

（2）影响再生剂用量的因素有哪些？再生液浓度过高或过低有何不利？

八、补充：钙的测定——EDTA 滴定法

（一）方法原理

在 pH 为 12～13 的条件下，用 EDTA 溶液络合滴定钙离子。以钙羧酸为指示剂与钙形成红色螯合物，镁形成氢氧化镁沉淀，不干扰测定。滴定时，游离钙离子首先和 EDTA 反应，与指示剂螯合的钙离子随后和 EDTA 反应，到达终点时，溶液由红色转为亮蓝色。

（二）干扰及消除

如试样含铁离子≤30 mg/L，可在临滴定前加入 250 mg 氰化钠或数毫升三乙醇胺掩蔽，氰化物使锌、铜、钴的干扰减至最小；三乙醇胺能减少铝的干扰。加氰化钠前必须保证溶液呈碱性。试样含正磷酸盐超出 1 mg/L，在滴定的 pH 条件下可使钙生成沉淀。如滴定速度太慢，或钙含量超出 100 mg/L 会析出碳酸钙沉淀。如上述干扰未能消除，或存在铝、钡、铅、锰等离子干扰时，需改用原子吸收法测定。

（三）方法的适用范围

本方法用于测定地下水和地面水中钙含量，不适用于海水及含盐量高的海水。适宜的钙含量范围为 2～100 mg/L（0.05～2.5 mmol/L）。含钙量超出 100 mg/L 的水，应稀释后测定。

（四）试剂

（1）2 mol/L 氢氧化钠溶液：将 8 g 氢氧化钠溶于 100 mL 新煮沸放冷的水中。盛放在聚乙烯瓶中。

（2）10 mmol/L EDTA 标准滴定溶液。

① 制备：将二水合 EDTA 二钠 3.725 g 溶于水，在容量瓶中稀释至 1 000 mL，存放在聚乙烯瓶中。

② 标定：按照测定步骤的操作方法，用 20.0 mL 钙标准溶液稀释至 50 mL 标定 EDTA 溶液。

③ 浓度计算：EDTA 溶液的浓度（c_1），以 mmol/L 表示，用下式计算：

$$c_1 = \frac{c_2 V_2}{V_1}$$

式中：c_2——钙标准溶液的浓度，mmol/L；

V_2——钙标准溶液的体积，mL；

V_1——消耗的 EDTA 溶液体积，mL。

（3）10 mmol/L 钙标准溶液：预先将碳酸钙在 150℃干燥 2 h。称取 1.001 g 置 500 mL 锥形瓶中，用水湿润。逐滴加入 4 mol/L 盐酸至碳酸钙完全溶解。加 200 mL 水，煮沸数分钟驱除二氧化碳，冷至室温，加入数滴甲基红指示液（0.1 g 溶于 100 mL 60%乙醇中）。逐滴加入 3 mol/L 氨水直至变为橙色，移容量瓶中定容至 1 000 mL。此溶液 1.00 mL 含 0.400 8 mg（0.01 mmol）钙。

（4）钙羧酸指示剂干粉：将 0.2 g 钙羧酸（$C_{21}H_{14}N_2O_7S \cdot 3H_2O$ 简称 HSN）与 100 g 氯化钠充分研细混匀，装棕色瓶中，紧塞。

注：① 该指示剂又名钙指示剂、钙红。其钠盐称为钙羧酸钠，又名钙试剂羧酸钠。

② 可使用紫脲酸胺（$C_8H_8N_6O_6 \cdot H_2O$）代替钙羧酸，其干粉配法同上。使用该指示剂滴定至终点时，溶液由红色变为紫色。

（五）仪器

50 mL 滴定管。

（六）采样和样品保存

水样采集后应于 24 h 内完成测定。否则，每升水样中应加 2 mL 硝酸作保存剂（使 pH 降至 2 以下）。

（七）步骤

1. 试样的制备

试样含钙 2～100 mg/L。含量过高的样品应稀释，记录稀释因子（F）。如试样经酸化保存，可用计算量的氢氧化钠溶液中和。

2. 测定

吸取 50.0 mL 试样置 250 mL 锥形瓶中，加 2 mL 氢氧化钠溶液、约 0.2 g 钙羧酸指示剂干粉，立即用 EDTA 溶液滴定。开始滴定时速度宜稍快，接近终点时应稍慢，至溶液由紫红色变为亮蓝色。记录消耗 EDTA 溶液体积的毫升数。

计算：

$$钙（Ca, mg/L）= \frac{c_1 V_1}{V_0} A$$

式中：c_1 —— EDTA 标准滴定溶液浓度，mmol/L；

　　　V_1 —— 消耗 EDTA 溶液的体积，mL；

　　　V_0 —— 试样体积，mL；

　　　A —— 钙的摩尔质量，40.08 g/mol。

如所用试样经过稀释，用稀释因子（F）修正计算。

实验十二　萃取实验

萃取处理法实际上是利用某些污染物质在废水中和某种溶剂中的溶解度不同而对废水进行处理的一种方法。采用的溶剂称为萃取剂，其不溶于水或难溶于水。被萃取的污染物称为溶质，萃取后的萃取剂称萃取液（萃取相），残液称萃余液（萃余相）。目前主要应用于含酚废水处理。

一、实验目的

通过对含酚废水的处理，了解逆流萃取处理的基本原理和方法。

二、实验原理

萃取的实质是溶质在水中和萃取剂中有不同的溶解度。溶质从水中转入萃取剂的推动力是废水中实际浓度与平衡浓度之差。当达到平衡时，溶质在萃取剂中及水中的浓度呈一定的比例关系：

$$K = Y/X$$

式中：K —— 分配系数；

　　　Y —— 平衡时溶质在萃取相（Z）中的浓度；

　　　X —— 平衡时溶质在萃余相（R）中的浓度。

由于萃取剂不可能绝对不溶于水，分离时也难以非常彻底，因此萃取后废水或多或少要混入新的污染物，这是萃取法的主要缺点。在废水处理中，萃取操作主要包括 3 个步骤：

（1）使废水与萃取剂充分接触，使杂质从废水中传递到萃取剂中。

（2）使萃取剂与废水进行分离。

（3）将萃取剂进行再生。

在液萃取中，萃取剂的选择是一个重要的问题，它不仅影响萃取产物的产量及组成，而且又直接影响被萃取物质的分离程度。萃取剂应尽量满足下列各项要求：

（1）具有良好的选择性，即萃取剂对废水中各种杂质的分离能力，应选用高分配系数（K 值大）的萃取剂。

（2）萃取剂易于回收和再生，重复使用。

（3）萃取剂与废水的密度差要大，有利于分离。

（4）有适当的表面张力。表面张力太大，与废水的分散程度差，影响两相充分接触；表面张力太小，易于水中乳化，影响分离。

（5）一定的化学稳定性，不与废水中杂质发生化学反应，无腐蚀性。

（6）热稳定性好，黏度小，凝固点低，着火点高，毒性小，便于贮存运输。

（7）不溶于水或难溶于水。

（8）价格低廉，容易获得。

某种萃取剂往往不能同时满足上述要求，应根据具体情况，抓住主要因素加以选择。

逆流萃取的主要特点是料液和溶剂分别在两端加入，萃取相和萃余相逆流流动进行接触传质，最终萃取相从加料一端排出，最终萃余相从加入溶剂一端排出。因为最终萃取相是从溶质浓度最高的加料端排出，可以达到较高浓度，而最终萃余相是从溶质浓度极低的溶剂加入端排出，可以达到很低的浓度，也即料液的分离程度较高，所耗溶剂较少，故在工业上获得广泛的应用。四级逆流萃取工艺如图 2-12-1 所示。

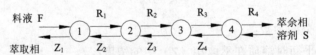

图 2-12-1　逆流萃取流程示意

多级逆流萃取过程中，要分离某种混合液达到规定的组成，溶剂比的确定是很重要的工作。当缺乏萃取物的平衡数据时，较切实可行的办法是进行间歇模拟实验。就是应用普通分液漏斗按预定方案实验，模拟连续逆流萃取。

三、主要实验设备及药品

（1）分液漏斗。

（2）721 分光光度计。

（3）含 0.5%酚溶液（料液 F），pH 约为 4。

（4）煤油 N_{235}（溶剂 S）。

（5）10%NaOH。

（6）2% 4-氨基安替比林。

（7）pH=10 缓冲溶液。

（8）8% $K_3Fe(CN)_6$。

（9）100 mL 容量瓶。

四、实验步骤

图 2-12-2 中每一个圆圈代表一个分液漏斗，通常所需的分液漏斗数目与假定的理论级数相同。在分液漏斗中经充分混合和分层后，可以达到一个平衡级。图中箭头指明了每个分液漏斗的物料来源和去向，注有 F 的是料液，S 是新鲜溶剂。按图示方案的实验过程的主要步骤如下：

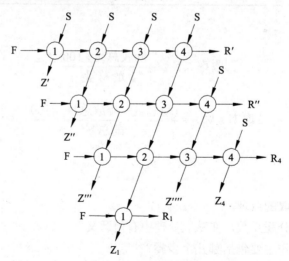

图 2-12-2　四级逆流萃取模拟实验图

（1）将 100 mL 料液 F 与 10 mL 溶剂 S 置于分液漏斗① 中，将此混合物充分摇动，使两相达到平衡，静置，两相完全分层澄清后，将萃取相 Z′放出。萃余相移入分液漏斗② 中。

（2）在分液漏斗② 中加入 10 mL 溶剂 S，充分摇动后经静置分层后，将萃取相移入分液漏斗① 中，萃余相移入分液漏斗③ 中。

（3）在分液漏斗① 中加入 100 mL 料液 F，在分液漏斗③ 中加入 10 mL 溶剂 S，其处理步骤同上述步骤（1）和步骤（2）。显然由分液漏斗① 得到的 Z' 和分液漏斗④ 得到的 R'，和工艺要求的 Z_1 和 R_4 是不同的。按图示方案进行，稳定后的 Z_1 和 R_4 与四级逆流萃取过程的要求基本一致，即为过程所需的理论级数。

（4）Z_1 所得的萃取相加 10% NaOH 溶液 10 mL，充分摇动，静置分层，油层为再生溶剂，可待下次实验用，水层为回收液，测酚含量。

（5）将 R_4 溶液取样分析，测酚含量。

（6）将 Z'、Z''、Z'''、Z'''' 和 Z_4 进行再生，以便下次实验使用。

五、实验数据记录及结果计算

表 2-12-1　实验数据记录

料液 F 中酚浓度	Z_1 中酚浓度	R_4 中酚浓度

计算：

$$回收率（\%）= \frac{回收总量 \times 100}{酚总量}$$

$$萃取率（\%）= \frac{(酚总量 - 排放总量) \times 100}{酚总量}$$

六、思考题

（1）简述萃取的原理。

（2）什么是分配系数，在萃取处理中有何意义？

（3）萃取操作主要包括哪几个步骤？

（4）萃取剂应尽量满足的要求有哪些？

（5）萃取操作最主要的缺点是什么？

七、含酚废水的分析

吸取含酚废水，其量由废水的含酚浓度决定。如果废水中含酚量较高，必须进行稀释，取合适的稀释倍数，要在实验中摸索、调整。

水样置于 100 mL 容量瓶中，加水稀释至 20～30 mL，摇匀，加入 pH=10 缓冲溶液 1 mL，摇匀，加入 2% 4-氨基安替比林 1 mL，摇匀，再加入 8% $K_3Fe(CN)_6$ 溶液 1 mL，再摇匀。稀释到刻度，充分摇匀，放置 10 min，以空白溶液为参比，在 510 nm 波长进行比色，测其吸光度。再在标准曲线上查取相应的浓度。

实验十三　气　浮

一、实验目的

（1）了解气浮实验系统设备及构成。
（2）通过静态实验考察气固比对气浮效果的影响。
（3）通过动态实验了解气浮工艺工作过程及操作运行方法。
（4）通过对压力溶气气浮设备及流程的了解，掌握气浮方法的原理及其工艺流程。

二、实验原理

气浮法就是使空气以微小气泡的形式出现于水中，并慢慢自下而上地上升，在上升过程中，气泡与水中污染物质接触，并把污染物质黏附于气泡上，从而形成密度小于水的气水结合物浮升到水面，使污染物质从水中分离出去。产生密度小于水的气、水结合物的主要条件是：
（1）水中污染物质具有足够的憎水性。
（2）加入水中的空气所形成气泡的平均直径不宜大于 70 μm。
（3）气泡与水中污染物质应有足够的接触时间。

气浮法按水中气泡产生的方法可分为布气气浮、溶气气浮和电气气浮几种。由于布气气浮一般气泡直径较大，气浮效果差，而电气气浮气泡直径虽不大，但耗电较多，因此，在目前应用气浮法的工程中，以加压溶气气浮法最多。

压力溶气气浮法净水原理是在水中通过饱和的溶气水的同时，急剧降压而使之析出大量微细气泡，使其黏附于絮凝颗粒上。造成密度小于水密度的状况。根据浮力原理，使其迅速浮上水面，从而获得固液分离的一种方法。

三、实验设备

（1）平流式沉淀池。

（2）溶气水系统：包括尼可泵、溶气罐、水箱、除油器、截门及流量计、压力表、减压释放器等。

（3）水源系统：包括水泵、配水箱、流量计、定量投药泵、截门等。

（4）排水管及排渣槽等。

（5）设备系统示意图及气浮池构造图如图 2-13-1 所示。

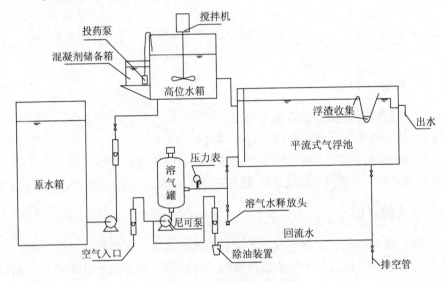

图 2-13-1　气浮工艺流程图

（6）测定悬浮物、pH 值、COD 等所用仪器设备。

四、实验步骤

本实验用尼可泵取代原有的空压机，简化了溶气水的制作过程，使得实验更加便于操作。

（1）在原水箱中加原纸浆（或浓污水），用自来水配成所需水样（悬浮物约为＿＿＿＿mg/L）。同时在投药瓶中配好混凝剂（1%的硫酸铝溶液）。

（2）将气浮池及溶气水箱充满自来水待用。

（3）开启尼可泵使回流水和空气混合后进入溶气罐，按一定的回流比调节流量，当压力水压力达到约 0.26 MPa（即 2.6 kg/cm²）时，打开释放器前阀门放溶气水，然后调节流量及气压使溶气罐气压稳定，气浮池进出水平衡。

（4）静态气浮实验确定最佳投药量。

取 5 个 1 000 mL 量筒，加 750 mL 原水样，按药量 20 mg/L、40 mg/L、60 mg/L、80 mg/L、100 mg/L 加入混凝剂（1%的硫酸铝溶液），快搅 1 min，慢搅 3 min，快速通过溶气水至 1 000 mL，静置 10 min，观察现象，确定最佳投药量。

（5）调节投药量和原水流量，用泵混合后通入气浮池，用调节排水量来控制池中水位或溢流排渣。

（6）根据气浮池体积及进水流量估算出水时间，待稳定后取进出水样测定悬浮物、COD 及 pH 值。

五、实验记录、计算及结论

（1）实验记录表，见表 2-13-1。

（2）计算。

① 气浮池体积、上浮速度、停留时间及表面负荷的计算。

i. 反应段；

ii. 分离段。

② 处理效率计算：COD、悬浮物的处理效率。

$$E = \frac{C_0 - C}{C_0} \qquad (2\text{-}13\text{-}1)$$

式中，C_0 为原水浓度，C 为出水浓度。

（3）结论与评价。

表 2-13-1 实验记录表

	时间	
	表面负荷	
	回流比	
	原污水流量/（L/h）	
	溶气水流量/（L/h）	
投药量	mg/L	
	mg/min	
	空气量/（L/h）	
	溶气罐压力/MPa	
悬浮物	原水/（mg/L）	
	出水/（mg/L）	
	去除效率/%	

COD	原水/（mg/L)	
	出水/（mg/L)	
	去除效率/%	
pH 值	原水	
	出水	
备注		

六、思考题

影响加压溶气气浮的因素有哪些？

第三章　污水处理厂（站）模拟设备实训

实训一　污水处理厂平面布置实训

一、实验目的

利用典型的城市污水处理厂的平面布置模型，通过对模型的观察使学生直观地了解典型污水处理工艺流程，进一步加深学生对污水处理厂平面布置的认识，对教学设计提供帮助。

二、实验装置的组成及规格

模型的主要构筑物包括进水井 1 个、进水泵房与空压机房 1 个、曝气沉砂池 1 个、初沉池 2 个、推流曝气池 1 个、污泥回流泵房与污泥泵房 1 个、平流式沉淀池 2 个、出水泵房与电源控制室 1 个、无阀滤池 1 个、污泥消化池 2 个、脱水机房 1 个、沼气贮存罐消化池 2 个、消毒池 1 个、绿地、门房、道路及各种连接管道等。

三、实验原理

污水处理厂平面布置就是厂区内各种生产构筑物及其附属建筑和设施的相对位置的平面布局以及构筑物之间各种管线的连接等。它包括生产构筑物、辅助性建筑物、各种管道以及道路绿化等各项平面设计。

四、实训练习

（1）根据已给出的单体构筑物，结合"水污染控制"课程中所学的原理，设计出一套适合城市污水处理厂的污水处理流程。要求所设计的流程为国内外污水处理工艺所普遍采用，处理技术单元的排列顺序遵循先易后难的原则。

（2）结合"环境工程设计"课程中所学的设计原则和方法，对题 1 的设计流程进行构筑物的平面布置。

实训二 污水处理工艺（AAO、SBR、MSBR）实训

一、实验目的

（1）了解几个污水处理工艺的原理。

（2）了解各个单体构筑物运行的工作原理。

（3）能进行风机、水泵、管道等的安装。

（4）能进行污水处理工艺选择与设备实际操作。

二、实验装置组成

污水处理工艺主要由电器控制柜系统、供水系统和污水处理系统 3 部分组成。该配置为建议配置，各实训场所可根据自身具体情况进行调整，见图 3-2-1。

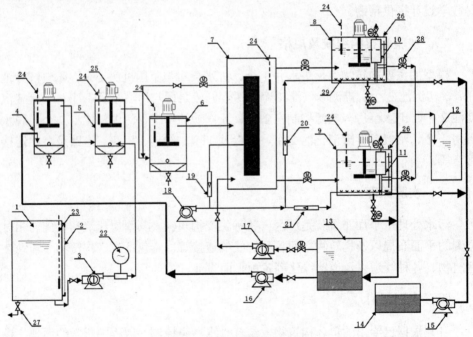

图 3-2-1 设备结构示意图

1. 原水箱；2. 液位指示管；3. 进水泵；4. 预缺氧池；5. 厌氧池；6. 缺氧池；7. 好氧池；8. SBR1 池；9. SBR2 池；10. 滗水器 1；11. 滗水器 2；12. 出水池；13. 污泥浓缩池；14. 污泥箱；15. 污泥泵；16. 回流泵 1；17. 回流泵 2；18. 风机；19. 好氧池流量计；20. SBR1 流量计；21. SBR2 流量计；22. 涡轮流量计；23. pH 传感器；24. DO 传感器；25. 搅拌机；26. 液位传感器；27. 球阀；28. 电磁阀；29. 曝气管

电气控制柜系统：主要由电气控制柜、漏电保护器、触摸屏、旋钮开关、工作状态指示灯、PLC 可编程控制器、继电器、监测仪（pH 仪和 DO 仪）、组态监控软件等组成。

供水系统：主要由不锈钢大水箱、不锈钢支架和水箱液位管等组成。

污水处理系统：装置对象平台整体采用不锈钢框架进行设计，主要动力系统器件安装在钢架底座上，主要有机玻璃反应器合理地布置安装在不锈钢钢架的上下层。动力系统主要由水泵、风机、电磁阀、搅拌机等组成，有机玻璃反应器系统主要由有机玻璃格栅调节池、有机玻璃沉砂池、有机玻璃 AAO 生物反应器、有机玻璃 SBR 池、有机玻璃二沉池、有机玻璃砂滤柱、有机玻璃加药池等组成。

曝气系统：主要由风机、曝气头、搅拌机、流量计和管道等组成。

在线监测系统：主要由 DO 在线传感器、pH 在线传感器、浮球液位计、电磁阀、滗水器等组成。

三、实验原理

AAO 工艺简介：AAO 工艺是厌氧—缺氧—好氧组合工艺的简称，是由三段生物处理装置所构成。它与单级 AAO 工艺的不同之处在于前段设置一个厌氧反应器，旨在通过厌氧过程使废水中的部分难降解有机物得以降解去除，进而改善废水的可生化性，并为后续的缺氧段提供适于反硝化过程的碳源，最终达到高效去除 COD、BOD、N、P 的目的。

AAO 系统的工艺流程是：废水经预处理后进入厌氧反应器，使高 COD 物质在该段得到部分分解，然后进入缺氧段，进行反硝化过程，而后是进行氧化降解有机物和进行硝化反应的好氧段。为确保反硝化的效率，好氧段出水一部分通过回流而进入缺氧阶段，并与厌氧段的出水混合，以便充分利用废水中的碳源。另一部分出水进入二沉池，分离活性污泥后作为出水，污泥直接回流到厌氧段。

初沉池可除去废水中的可沉物和漂浮物。废水经初沉后，约可去除可沉物、油脂和漂浮物的 50%、BOD 的 20%，按去除单位质量 BOD 或固体物计算，初沉池是经济上最为节省的净化步骤，对于生活污水和悬浮物较高的工业污水均宜采用初沉池预处理。

初沉池的主要作用如下：

（1）去除可沉物和漂浮物，减轻后续处理设施的负荷。

（2）使细小的固体絮凝成较大的颗粒，强化了固液分离效果。

（3）对胶体物质具有一定的吸附去除作用。

（4）一定程度上，初沉池可起到调节池的作用，对水质起到一定程度的均质效果。减缓水质变化对后续生化系统的冲击。

（5）有些废水处理工艺系统将部分二沉池污泥回流至初沉池，发挥二沉池污泥的生物絮凝作用，可吸附更多的溶解性和胶体态有机物，提高初沉池的去除效率。另外，还可在初沉池前投加含铁混凝剂，强化除磷效果。含铁的初沉池污泥进入污泥硝化系统后，还可提高产甲烷细菌的活性，降低沼气中硫化物的含量，从而既可增加沼气产量，又可节省沼气脱硫成本。

SBR 工艺与 MSBR 工艺本书不作介绍。

四、实训练习

（1）污水处理设备的安装与调整。

① 动力系统器件水泵、风机、计量泵、搅拌电机等的安装。

② 辅助器件浮球式液位计、电磁阀、流量计、曝气头等的安装。

③ 污水管道的剪切与安装。

（2）根据水处理工艺要求，完成 AAO 水处理工艺的设计、设备连接与调试工作。

（3）根据水处理工艺要求，完成 SBR 水处理工艺的设计、设备连接与调试工作。

（4）根据水处理工艺要求，完成 MSBR 水处理工艺的设计、设备连接与调试工作。

实训三　小区污水处理及中水回用工艺实训

一、实验目的

（1）了解小区污水处理及中水回用工艺平台各个系统的工作原理。

（2）能进行风机、管道、水泵的安装。

（3）能进行污水处理工艺选择与操作。

二、实验原理

污水经格栅去除大颗粒和纤维状杂质后流入调节池，然后通过泵输入格栅、调节池，进入 CASS 曝气池（池内设有搅拌设备）。CASS 池主反应区后部安装滗水装置，进水、曝气、沉淀、滗水、闲置在同一池子内周期循环运行，开始时，由于进水，池中的水位由某一最低水位开始上升，在经过一定时间的曝气和混合后，停止曝气，以使活性污泥进行絮凝并在一个静止的环境中沉淀，在完成沉淀后，由一个移动式滗水装置排出已处理的上清液，使水位下降至池子设定最低水位，然后再重复上述全过程。为了保持 CASS 池一个合理的污泥浓度，需要根据产生的污泥量来排出剩余污泥，排出剩余污泥一般在沉淀阶段结束后进行，排出污泥浓度可达 1 g/L。因此与其他活性污泥法相比，CASA 池排出剩余污泥体积最小。

CASS 池分为三个区，即选择区、兼氧区、主曝气区，在选择区中废水中溶解性有机物质能通过酶反应机理而迅速去除。选择区可以恒定容积，也可以变容积运行，回流污泥中的硝酸盐可在此进行生物脱氮，选择区还可以防止产生污泥膨胀。兼氧区溶解氧很低，也可调节为非曝气区进行缺氧除磷，在主曝气区内废水中的有机物得以降解和消化。可以用水泵抽出回用、部分污泥可回流调节池。

三、实验装置的组成和规格

实验装置由动力系统、不锈钢水箱、有机玻璃格栅、有机玻璃调节池、有机玻璃 CASS 池、曝气装置、消毒池、膜过滤装置、流量计、滗水器、管道、阀门等组成。控制系统由电气控制箱、漏电保护器、指示灯控制开关、搅拌机调速器等组成，见图 3-3-1。

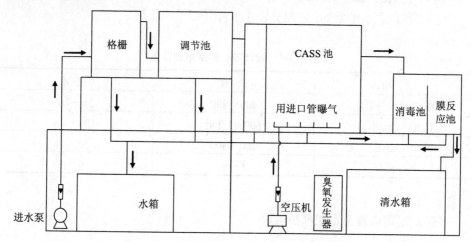

图 3-3-1 小区污水处理及中水回用实训装置

四、实验步骤

（1）检查整套设备是否完整，清扫各池内杂物，用清水试漏。落实污水来源。接上电源。

（2）用水泵将污水输入格栅、自流通过调节池（开启搅拌设备）。

（3）进入 CASS 曝气池（池内设有搅拌设备）。CASS 池主反应区后部出水装置，进水、曝气、沉淀、滗水、闲置在同一池子内周期循环运行，开始时，由于进水，池中的水位由某一最低水位开始上升，在经过一定时间的曝气和混合后，停止曝气，以使活性污泥进行絮凝并在一个静止的环境中沉淀，在完成沉淀后，由一个移动式滗水装置排出已处理的上清液到消毒池。

（4）消毒池开臭氧机消毒。

（5）消毒池自流到膜生物反应池、然后用抽吸泵通过流量计，计量计算水量。

五、注意事项

（一）技术规格要求

（1）环境温度：5~40℃。

（2）处理水量：10~50L/h。

（3）污水在池中停留时间：6 h。

（4）气水比：20~40：1。

（5）设计进、出水水质范围见表 3-3-1。

表 3-3-1 设计进、出水水质范围

对　象	进　水	出　水
BOD_5/（mg/L）	400~800	50~100
COD/（mg/L）	600~1 200	100~150
SS/（mg/L）	200~400	30~40
pH	6~9	6~9

（二）定期检查及定期维护项目

1. 定期检查项目

（1）气泵、水泵等设备是否正常运行。

（2）水箱水位是否正常。

（3）流量计显示是否处于合理范围。

（4）有机玻璃水池水位是否正常。

2. 定期维护工作

（1）水箱保持正常水位。

（2）风机水泵的定期维护。

（3）流量计透明体的定期擦洗。

（4）不用时水箱及水池一定要排放出水。

六、实训练习

（1）说出小区污水处理及中水回用工艺平台各个系统的工作原理。

（2）进行风机、管道、水泵的安装。

（3）以平台为基础，根据所选工艺，进行小区污水处理及中水回用工艺调试、运行。

实训四 工业废水处理工艺实训系统

一、实验目的

了解工业废水中常用的单元操作技术，掌握由这些单元操作组成的处理流程，观察废水、污泥和空气在处理过程中的变化。

二、实验装置的组成

实验装置包括废水的流入、加药混凝、曝气、排放、排泥等设施。

被控对象（不锈钢框架）由微电解池、中和池、沉淀池、UASB 反应器、一体式好氧池、化药池、污泥池、原水箱、清水箱、水泵、计量泵、空气泵、搅拌机、加热管、铁填料、液体流量计、气体流量计、管道、阀门等组成。

控制系统由电气控制箱、漏电保护器、控制开关、电源指示灯、搅拌机调速器、温控仪等组成。

三、操作步骤

（1）检查整套装置的工艺流程的完整性。

（2）接通电源（先用自来水试漏），开动进水泵，整套流程是否正常运转，设备、管道不渗漏为止。

（3）开启中和池搅拌系统，然后加药箱内配制好的混凝剂，用计量泵抽入中和池内。

（4）沉淀后进入 UASB 反应器。

（5）打开气阀开始曝气，达到设定时间后停止曝气，关闭气阀。

（6）反应器内的混合液开始静沉，达到设定静沉时间后，打开滗水器开始工作，关闭气阀，吸附池内的上清液流出。

（7）整套流程开通，（污水流量从少逐渐增加，直到设计水量）等正常运转后，采集水样进行分析。

四、注意事项

（1）微电解池有水后，池内一定装有铁屑和炭填料。

（2）定期检查项目。

① 水泵、气泵、电机、加热泵、计量泵等设备是否正常运行。

② 水箱水位是否正常。

③ 流量计显示是否处于合理范围。

④ 有机玻璃水池水位是否正常。

（3）定期维护工作

① 水箱保持正常水位。

② 水泵、气泵、电机、加热泵、计量泵、电磁阀的定期维护。

③ 流量计透明体的定期擦洗。

④ 不用时水箱及水池一定要排放出水。

五、实训练习

（1）说出工业废水常用的各个处理单元的原理。

（2）根据废水性质，设置适用的处理单元。

（3）以平台为基础，进行各单元的安装、流程的调试及运行。

（4）观察运行过程中废水、污泥和空气的变化，并予以描述。

第四章 污水处理厂仿真实习、实训操作指导

一、仿真训练目的

在学生掌握污水处理理论知识的基础上，通过仿真模拟实训，让学生了解企业一线的实际操作，为进入工作岗位打下更好的基础。

二、操作步骤

双击桌面"污水处理仿真教学系统学员站"图标，打开如图所示界面，单击"单机运行"，进入自由训练状态。

如下图，本仿真实训共有 6 个培训工艺，单击选中任意一个培训工艺后，单击"培训项目"即出现该培训工艺所对应的培训项目。如选中"污水处理工段"后，单击"培训项目"，出现另一个界面，如图所示。

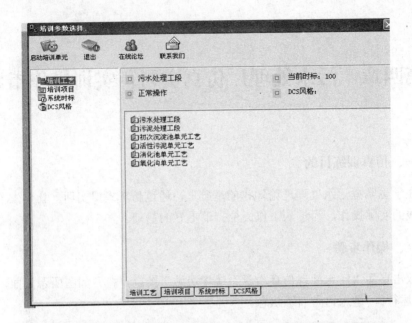

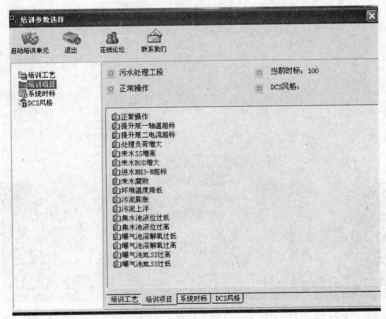

此时，选中除正常操作外的其他项目后，单击"启动培训单元"，即可进入培训界面。比如，我们选中"提升泵一轴温超标"，然后单击"启动培训单元"，就出现下图。

图中，有两个界面，小界面是提示操作界面，可隐藏，大界面为操作界面。

切换培训工艺或培训项目时，注意大界面的"工艺"菜单，单击后可出现你需要的几种操作，选中即可。如下图所示。

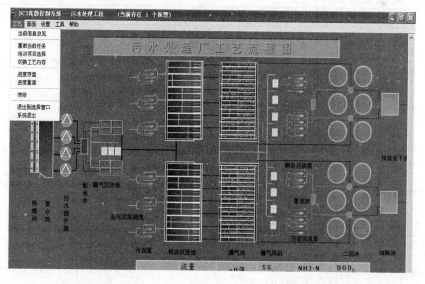

三、操作项目

（一）水工段

1. 提升泵一轴温超标

事故名称	原因与现象	操作步骤
提升泵一轴温超标	轴温超标，报警灯变亮	1. 关闭提升泵一 2. 启动备用的提升泵三或四

2. 提升泵二电流超标

事故名称	原因与现象	操作步骤
提升泵二电流超标	电流超标，报警灯变亮	1. 关闭提升泵二 2. 启动备用的提升泵三或四

3. 来水 pH 值过低

事故名称	原因与现象	操作步骤
来水 pH 值过低	pH 超低，严重影响这个处理系统运行	关闭进水闸一～四，停止进水

4. 处理负荷增大

事故名称	原因与现象	操作步骤
处理负荷增大	1. 导致格栅过栅流速增大 2. 集水池、配水井液位升高 3. 曝气沉砂池除砂率下降 4. 初沉池水力表面负荷增大，停留时间缩短，影响 SS 去除率 5. 曝气池有机负荷超限，MLSS 在曝气池与二沉池重新分配，处理效率下降，溶解氧浓度下降 6. 二沉池中活性污泥增加，泥位上升	1. 打开 5#、6#格栅 2. 启动 3#或 4#备用提升泵 3. 增大曝气沉砂池曝气量 4. 开启 11#、12#、23#、24#初沉池 5. 增大回流比 6. 6#风机满负荷，并启动 7#风机

5. 来水 SS 增高

事故名称	原因与现象	操作步骤
来水 SS 增高	来水 SS 突然超高，初沉池产生密度流，造成流速增大，降低沉淀效率	开启 11#、12#、23#、24#初沉池

6. 来水 BOD 增高

事故名称	原因与现象	操作步骤
来水 BOD 增高	引起曝气池内有机负荷升高,有机物去除率下降	1. 开启 11#、12#、23#,24#初沉池 2. 增大回流比 3. 增大曝气量

7. 来水 NH₃-N 高

事故名称	原因与现象	操作步骤
来水 NH₃-N 高	1. NH₃-N 升高,溶解氧浓度下降,硝化程度降低 2. 二沉池发生反硝化,泥位上升,造成污泥流失	1. 提高溶解氧浓度 2. 增大回流,降低污泥负荷,使硝化充分进行 3. 增大剩余污泥排放量

8. 来水腐败

事故名称	原因与现象	操作步骤
来水腐败	1. 引起初沉池沉降效率下降 2. 二沉池污泥上浮	1. 启动备用初沉池 2. 增大剩余污泥排放

9. 环境温度降低

事故名称	原因与现象	操作步骤
环境温度降低	温度下降,初沉池沉淀效率下降	开启 11#、12#、23#,24#初沉池

10. 曝气池污泥膨胀

事故名称	原因与现象	操作步骤
曝气池污泥膨胀	污泥膨胀引起污泥上浮	增大剩余污泥排放

11. 二沉池污泥上浮

事故名称	原因与现象	操作步骤
二沉池污泥上浮	泥龄过长,引起污泥上浮	增大剩余污泥排放,缩短泥龄

(二) 泥工段

1. 1#浓缩池进泥中水含量增大

事故名称	原因与现象	操作步骤
1#浓缩池进泥中水含量增大	进泥量降低,固体表面负荷变小,处理量低,浪费池容,还可能导致污泥上浮	增加 1#螺杆泵的流量,减少停留时间

2．2#浓缩池进泥中水含量减小

事故名称	原因与现象	操作步骤
2#浓缩池进泥中水含量减小	进泥量增加，超过浓缩能力，导致上清液浓度太高，排泥浓度降低，没有起到应有的浓缩效果	减小 2#浓缩池进泥流量，降低浓缩负荷

3．4#浓缩池刮泥机发生故障

事故名称	原因与现象	操作步骤
4#浓缩池刮泥机发生故障	刮泥机停止转动，起不到应有的助浓作用，导致浓缩效果下降	减少 4#浓缩池进泥流量

4．5#浓缩池处螺杆泵发生故障

事故名称	原因与现象	操作步骤
5#浓缩池处螺杆泵发生故障		1．关闭 9#螺杆泵 2．启动 10#螺杆泵代替

5．1#一级消化池搅拌机发生故障

事故名称	原因与现象	操作步骤
1#一级消化池搅拌机发生故障	搅拌机停止转动，混合不均匀	1．关闭 1#一级消化池搅拌机 2．增大循环流量，使循环污泥起到搅拌作用

6．4#一级消化池换热器发生故障

事故名称	原因与现象	操作步骤
4#一级消化池换热器发生故障		1．关闭换热器 2．关闭消化池进泥 3．打开通往二级消化池的旁路

7．消化池进泥温度降低

事故名称	原因与现象	操作步骤
消化池进泥温度降低	温度降低，产气量下降	增大循环流量

8．压滤机配药浓度降低

事故名称	原因与现象	操作步骤
压滤机配药浓度降低		加大 1#加药计量泵流

9．1#压滤机皮带打滑

事故名称	原因与现象	操作步骤
1#压滤机皮带打滑		增大 1#压滤机皮带张力

（三）活性污泥单元

1．处理负荷增大

事故名称	原因与现象	操作步骤
处理负荷增大	1. 处理负荷增大，部分曝气池内的污泥转移到二沉池，使曝气池内 MLSS 降低，有机负荷升高。而实际此时曝气池内需要更多的 MLSS 去处理增加了的污水。 2. 二沉池内污泥量的增加会导致泥位上升，污泥流失，同时，导致二沉池水力负荷增加，出水水质变差	1. 增大溶解氧浓度设定值 2. 剩余污泥泵由自动切手动，并减少剩余污泥排放，保证有足够的活性污泥 3. 回流污泥泵切手动，并提高回流量，以提高曝气池混合液浓度、降低有机负荷

2．泡沫问题

事故名称	原因与现象	操作步骤
泡沫问题	当污水中含有大量的合成洗涤剂或其他起泡物质时，曝气池中会产生大量的泡沫。泡沫给操作带来困难，影响劳动环境，同时会使活性污泥流失，造成出水水质下降	增大回流比，提高曝气池活性污泥浓度

3．进水 BOD 超高

事故名称	原因与现象	操作步骤
进水 BOD 超高	BOD 超高，导致曝气池有机负荷升高，溶解氧浓度下降，出水水质超标	1. 增大溶解氧浓度设定值 2. 剩余污泥泵由自动切手动，并减少剩余污泥排放，保证有足够的活性污泥 3. 回流污泥泵切手动，并提高回流量，以提高曝气池混合液浓度、降低有机负荷

4. 进水 NH₃-N 超高

事故名称	原因与现象	操作步骤
进水 NH₃-N 超高	1. NH₃-N 升高，溶解氧浓度下降，硝化程度降低。 2. 二沉池发生反硝化，泥位上升，污泥流失	1. 提高溶解氧浓度 2. 增大回流，降低污泥负荷，使硝化充分进行

5. 污泥膨胀

事故名称	原因与现象	操作步骤
污泥膨胀	丝状菌膨胀，引起污泥膨胀，使二沉池污泥上浮，导致活性污泥流失，出水水质下降	投加液氯，抑制丝状菌膨胀

6. 污泥上浮

事故名称	原因与现象	操作步骤
污泥上浮	由于反硝化作用，产生氮气导致二沉池污泥上浮，使活性污泥流失，出水水质下降	增大剩余污泥排放量，以缩短二沉池污泥的停留时间

7. 1#回流污泥泵故障

事故名称	原因与现象	操作步骤
1#回流污泥泵故障		1. 关闭 1#污泥泵开关和前后阀 2. 打开 2#污泥泵开关和前后阀 3. 切换变频控制器

8. 1#风机故障

事故名称	原因与现象	操作步骤
1#风机故障		1. 关闭 1#风机开关 2. 切换风机出口控制器

（四）初沉池单元

1. 初沉池流入污水 SS 增大

初沉池流入污水 SS 增大会导致出口污水的 SS 增大，排泥量增大。采取的步骤：启动备用池，减小水利负荷，增大排泥泵的排泥流量。

2. 初沉池流入污水流量增大

初沉池流入污水流量增大会导致池的水利负荷增大，SS 去除率下降，排泥量增大。采取的步骤：启动备用池，减小水利负荷。

3. 初沉池流入污水温度降低

初沉池流入污水温度降低会导致 SS 去除率下降。采取的步骤：启动备用池，减小水利负荷，减小排泥泵的排泥流量。

4. 排泥泵损坏

采取的步骤：关闭当前排泥泵，启动备用泵。

5. 1#初沉池刮泥机损坏

采取的步骤：关闭 1#初沉池的污水入口阀、剩余污泥入口阀，启动 4#备用池的污水入口阀和剩余污泥入口阀。

四、说明

以上操作过程均基于东方仿真污水处理厂仿真软件。

第五章 废水处理技术问答

1．什么是生活污水？

答：生活污水含有较多的有机物，如蛋白质、动植物脂肪、碳水化合物和氨氮等。还含有肥皂和洗涤剂以及病原微生物、寄生虫卵等。

2．什么是再生水（回用水）？什么是中水？

答：再生水又被称为回用水，是指工业废水或城市污水经二级处理和深度处理后供作回用的水。再生水用于建筑物内杂用时，也称为中水。

3．什么是水环境容量？

答：在满足水环境质量标准的条件下，水体所能接纳的最大允许污染物负荷量，称为水环境容量，又称为水体纳污能力。

4．什么是水体的自净容量？

答：在满足水环境质量标准的条件下，水体通过正常生物循环能够同化有机废物的最大数量，称为水体的自净容量。

5．《地表水环境质量标准》将地表水分为几类？

答：《地表水环境质量标准》（GH 3838—2002）依据地表水水域环境功能和保护目标，按功能高低依次划分为五类。

6．《污水综合排放标准》，规定的排放标准是怎样分级的？

答：《污水综合排放标准》（GB 8978—1996）根据受纳水体的不同，将污水排放标准分为三个等级：

（1）排入 GB 8978—1996 中Ⅲ类水域（划定的保护区和游泳区除外）和排入 GB 3097—1997 中二类海域的污水，执行一级标准。

（2）排入 GB 3838—2002 中Ⅳ、Ⅴ类水域和排入 GB 3097—1997 中三类海域的污水，执行二级标准。

（3）排入设置二级污水处理厂的城镇排水系统的污水，执行三级标准。

（4）排入未设置二级污水处理厂的城镇排水系统的污水，必须根据排水系统出水受纳水域的功能要求，分别执行（1）和（2）的规定。

（5）GB 3838—2002 中Ⅰ、Ⅱ类水域和Ⅲ类水域中划定的保护区，GB 3097—1997 中一类海域，禁止新建排污口，现有排污口应按水体功能要求，实行污染物总量控制，以保证受纳水体水质符合规定用途的水质标准。

7. 什么是"排污费"、"超标排污费"和"环境保护补助资金"？

答：《中华人民共和国水污染防治法》第十五条规定：企事业单位向水体排放污染物的，按照国家规定缴纳排污费；超过国家或者地方规定的污染物排放标准的，按照国家规定缴纳超标准排污费。排污费和超标准排污费必须用于污染物的防治，不得挪作他用。国务院《征收排污费暂行办法》第九条规定：征收的排污费纳入预算内，作为环境保护补助资金，按专项资金管理，不参与体制分成。

8. 污水处理设施在什么情况下，必须报经当地环境保护部门审批？

答：《污水处理设施环境保护监督管理办法》第五条规定：污水处理设施，有下列情况之一者，必须报经当地环境保护部门审查和批准：① 须暂停运转的；② 须拆除或者闲置的；③ 须改造、更新的。

环境保护行政主管部门自接到报送文件之日起，须暂停运转的在 5 天内，其他在一个月内予以批复。逾期不批复，可视其已被批准。

9. 有关水污染物《排放许可证》。

答：《排放许可证》的有效期限最长不超过 5 年；《临时排放许可证》的有效期最长不得超过 2 年。《排放许可证》在有效期满前 3 个月，排污单位必须重新申请换证。

持有《排放许可证》或《临时排放许可证》的排污单位，并不免除缴纳排污费和其他法律规定的责任。

10. 什么是耗氧有机物？

答：耗氧有机物实际工作中常用 COD_{Cr}，BOD，TOC，TOD 等指标来表示。

11. 格栅的主要工艺参数有哪些？

答：栅距即相邻两根条间的距离，栅距大于 40 mm 的为粗格栅，栅距在 20～40 mm 之间的为中格栅，栅距小于 20 mm 的为细格栅。

污水过栅水头损失指的是格栅前后的水位差。

12. 格栅选型？

答：圆形栅条水力条件好、水流阻力小、但刚度较差、容易受外力变形。因此在没有特殊需要时最好采用矩形断面。

13. 曝气沉砂池的基本要求有哪些？

答：曝气沉砂池的基本数据主要有以下几项：

（1）停留时间 1～3 min，若兼有预曝气作用，可延长池身，使停留时间达到 15～30 min。

（2）污水在曝气沉砂池过水断面周边最大的旋流速度为 0.25～0.3 m/s，在池内水平前进的流速为 0.08~0.12 m/s。

（3）有效水深 2~4 m，宽深比为 1~1.5。如果考虑预曝气的作用，可将过水断面增大为原来的 3~4 倍。

（4）曝气沉砂池进气管上要有调节阀门，使用的空气扩散管安装在池体的一侧，扩散管距池底 0.6~0.9 m，曝气管上的眼气孔孔径为 2.5~6 mm，曝气量一般为每立方米污水 0.23 m³，空气或曝气强度为 3~5 m³ 空气/（m²·h）。

（5）为防止水流短路，进水方向应与水在沉砂池内的旋转方向一致，出水口应设在旋流水流的中心部位，出水方向与进水方向垂直，并设置挡板诱导水流。

（6）曝气沉砂池的形状以不产生偏流和死角为原则，因此，为改进除砂效果、降低曝气量，应在集砂槽附近安装横向挡板，若池长较大，还应在沉砂池内设置横向挡板。

14．曝气沉砂池运行管理的事项有哪些？

答：曝气沉砂池的运行操作主要是控制污水在池中的旋流速度和旋转圈数。旋流速度与砂粒粒径有关，污水中的砂粒粒径越小，要求的旋流速度越大。但旋流速度也不能太大，否则有可能将已沉下的砂粒重新泛起。而吸气沉砂池中的实际旋流速度与曝气沉砂池的几何尺寸、扩散器的安装位和强度等因素有关。旋转圈数与除砂效率有关，旋转圈数越多，除砂效率越高。要去除直径为 0.2 mm 的砂粒，通常需要维持 0.3 m/s 的旋转速度，在池中至少旋转 3 圈。在实际运行中可以通过调整曝气强度来改变旋流速度和旋转圈数。保证达到规定的除砂效率。当进入曝气沉砂池的污水量增大时，水平流速也会加大，此时可以通过提高曝气强度来提高旋流速度和维持旋转圈数不变。

沉砂量取决于进水的水质，运行人员必须认真摸索和总结砂量的变化规律，及时将沉砂排放出去。排砂间隔时间太长会堵卡排砂管和刮砂机械。而排砂间隔时间太短又会使排砂数量增大、含水率提高，从而增加后续处理的难度，曝气沉砂池的曝气作用常常会使池面上积聚一些有机浮渣，也要及时清除，以免重新进入水中随水流入后续生物处理系统，增加后续处理的负荷。

15．初次沉淀池运行管理的注意事项有哪些？

答：（1）根据初沉池的形式及刮泥机的形式，确定刮泥方式、刮泥周期的长短。避免沉积污泥停留时间过长造成浮泥，或刮泥过于频繁或刮泥太快扰动已沉下的污泥。

（2）初沉池一般采用间歇排泥。因此最好实现自动控制，无法实现自控时，要注意总结经验并根据经验人工掌握好排泥次数和排泥时间。当初沉池采用连续排泥时，应注意观察排泥的流量和排放污泥的颜色，使排泥浓度符合工艺要求。

（3）巡检时注意观察各池的出水量是否均匀，还要观察出水堰出流是否均匀、堰口是否被浮渣封堵，并及时调整或修复。

（4）巡检时注意观察浮渣斗中的浮渣是否能胜利排出，浮渣刮板与浮渣斗挡板配合是否适当，并及时调整或修复。

（5）巡检时注意辨听刮泥、刮渣、排泥设备是否有异常声音，同时检查其是否有部件松动等，并及时调整或修复。

（6）排泥管道至少每月冲洗一次，防止泥沙、油脂等在管道内尤其是对阀门处造成淤塞，冬季还应当增加冲洗次数。定期（一般每年一次）将初沉池排空，进行彻底清理检查。

（7）按规定对初沉池的常规监测项目进行及时分析化验，尤其是 SS 等重要项目要及时比较，确定 SS 去除率是否正常，如果下降就应采取必要的整改措施。

（8）初沉池的常规监测项目：进出水的水温、pH 值、COD_{Cr}、BOD_5、TS、SS 及排泥的含固率和挥发性固体含量等。

16. 溶气罐的基本认知有哪些？

答：溶气罐的作用是实现水和空气的充分接触，加速空气的溶解。

（1）溶气罐形式有中空式、套筒翻流式和喷淋填料式三种，其中喷淋填料式溶气效率最高。比没有填料的溶气罐溶气效率高 30%以上。可用的填料有瓷质拉西环、塑料淋水板、不锈钢圈、塑料阶梯环等，一般采用溶气效率较高的塑料阶梯环。

（2）溶气罐的溶气压力为 0.3～0.55 MPa，溶气时间即溶气罐水力停留时间 1～4 min。溶气罐过水断面负荷一般为 100～200 $m^3/m^2 \cdot h$。一般配以扬程为 40～60 m 的离心泵和压力为 0.5～0.8 MPa 的空压机，通常风量为溶气水量的 15%～20%。

（3）污水的溶气罐内完成空气溶于水的过程，并使污水中的溶解空气过饱和，多余的空气必须及时经排气阀排出，以免分离池中气量过多引起扰动，影响气浮效果。排气阀设在溶气罐的顶部，一般采用 DN125 手动截止阀，但是这种方式在北方寒冷地区冬季气温太低时，常会因截止阀被冻住而无法操作，必须予以适当保温。排气阀尽可能采用自动排气阀。

（4）溶气罐属压力容器，其设计、制作、使用均要按一般压力容器要求考虑。

（5）采用喷淋填料式溶气罐时，填料高度 0.8～1.3 m 即可。不同直径的溶气罐，需配置的填料高度也不同，填料高度在 1 m 左右。当溶气罐直径大于 0.5 m 时，考虑到布水的均匀性，应适当增加填料高度。

（6）溶气罐内的液位一般为 0.6～1.0 m，过高或过低都会影响溶气效果。因此，及时调整溶气系统气液两相的压力平衡是很重要的。除通过自动排气阀来调整外，可通过安装浮球液位传感器探测溶气罐内液位的高低，据此调节进气管电磁阀的开或关，还可通过其他非动力式来实现液位控制。

（7）溶气水的过流密度即容气量与溶气罐截面积之比，有一个最优化范围。

17. 加压溶气气浮法调试时的注意事项有哪些？

答：气浮法调试时的运行管理注意事项：

（1）调试进水前，首先要用压缩空气或高压水对管道和溶气罐进行反复吹扫清洗。直到没有容易堵塞的颗粒杂质后，再安装溶气释放器。

（2）进气管上要安装单向阀，以防压力水倒灌进入空压机。调试前要检查连接溶气罐和空压机之间管道上的单向阀方向是否指向溶气罐。实际操作时，要等空压机的出口压力大于溶气罐的压力后，再打开压缩空气管道上的阀门向溶气罐内注入空气。

（3）先用清水调试压力溶气系统与溶气释放系统，待系统运行正常后，再向反应池内注入污水。

（4）压力溶气罐的出水阀门必须完全打开，以防止由于水流在出水阀处受阻时，气泡提前释放、合并变大。

（5）控制气浮池出水阀门或可调堰板，将气浮池水位稳定在集渣槽口以下 5～10 cm，待水位稳定后，用进出水阀门调节并测量处理水量，直到达到设计水量。

（6）等浮渣积存到 5～8 cm 后，开动刮渣机进行刮渣，同时检查刮渣和排渣是否正常、出水水质是否受到影响。

18. 气浮法日常运行管理有哪些注意事项？

答：（1）巡查时要通过观察孔观察溶气罐内的水位。要保证水位既不淹没填料层。影响溶气效果；又不低于 0.6 m，以防出水中夹带大量未溶空气。

（2）巡查时要注意观察池面情况。如果发现接触区浮渣面高低不平、局部水流翻腾剧烈，这可能是个别释放器被堵或脱落，需要及时检查和更换。如果发现分离区浮渣面高低不平、池面常有大气泡鼓出，这表明气泡与杂质絮粒黏附不好，需要进行调整加药量或改变混凝剂的种类。

（3）冬季水流效率低影响混凝效果时，除可采取增加投药量的措施外，还可利用增加回流水量或提高溶气压力的方法，增加微气泡的数量及其与絮粒的黏附，以弥补因水流黏度的升高而降低带气泡絮粒的上浮性能，保证出水水质。

（4）为了不影响出水水质，在刮渣时必须抬高池内水位，因此要注意积累运行经验，总结最佳的浮渣堆积厚度和含水量，定期进行刮渣机除去浮渣，建立符合实际情况的刮渣制度。

（5）根据反应池的絮凝、气浮池分离区的浮渣及出水水质等变化情况，及时调整混凝剂的投加量，同时要经常检查加药管的运行情况，防止发生堵塞（尤其在冬季）。

19. 什么是废水的二级处理？

答：二级处理又称二级生物处理或生物处理，主要去除污水中呈胶体和溶解状态的有机污染物质，使出水的有机污染物含量达到排放标准的要求。主要使用的方法是微生物处理法，具体有活性污泥法和生物膜法。污水经过一级处理后，已经去除了漂浮物和部分悬浮物，BOD_5 的去除率为 25%～30%，经过二级生物处理后，去除率可达 90% 以上，二沉池出水能达标排放。

20. 什么是废水的生物处理？可以分为哪几类？

答：生物处理就是利用微生物分解氧化有机物的这一功能，并采取一定的人工措施，创造有利于微生物的生长、繁殖的环境，使微生物大量增殖，生物处理法分为好氧、缺氧和厌氧三类。按照微生物的生长方式可分为悬浮生长、固着生长、混合生长三类。

21. 影响废水生物处理的因素有哪些？

答：① 负荷。② 温度。好氧微生物在 15～30℃ 之间活动旺盛；厌氧微生物的最佳温度是 35℃ 左右。③ pH 值。④ DO。空气曝气池出口混合液中溶解氧浓度应保持在 2.0 mg/L（纯氧曝气法需保持在 4.0 mg/L）左右，A/O 工艺的 A 段溶解氧浓度要保持在 0.5 mg/L 以下，而厌氧微生物必须在含氧量极低，甚至绝对无氧的环境下才能生存。⑤ 营养平衡。⑥ 有毒物质。

22. 废水生物处理的基本方法有哪些？

答：好氧是指污水处理构筑物内的溶解氧含量在 1 mg/L 以上最好大于 2 mg/L。

厌氧是指污水处理构筑物内 BOD_5 的代谢由硝基氮维持，溶解氧浓度小于 0.7 mg/L。

悬浮生长型生物处理法的代表是活性污泥法，固着生长型生物处理法的代表是生物膜法，混合生长型生物处理法的代表是接触氧化法。

23. 什么是水力停留时间？什么是固体停留时间（污泥龄）？

答：水力停留时间（HRT）是水流在处理构筑物内的平均驻留时间，从直观上看，可以用处理构筑物的容积与处理进水量的比值来表示，HRT 的单位一般用 h 表示。

固体停留时间（SRT）是生物体（污泥）在处理构筑物内的平均驻留时间，即污泥龄。可以用处理构筑物内的污泥总量与剩余污泥排放量的比值来表示，SRT 的单位一般用 d 表示。

24. 什么是污泥负荷？什么是容积负荷？两者有什么联系？

答：污泥负荷是指曝气池内单位重量的活性污泥在单位时间内承受的有机质的数量，单位是 $kg\,BOD_5/$（$kg\,MLSS\cdot d$），一般记为 F/M，常用 N 表示。

容积负荷是指单位有效容积在单位时间内承受的有机质的数量，单位是 $kg\,BOD_5/$（$m^3\cdot d$）。

25. 什么是冲击负荷？

答：冲击负荷是指在短时间内污水处理设施的进水负荷超出设计值或正常运行的情况，可以是水力冲击负荷，也可以是有机冲击负荷。

26. 活性污泥有哪些性能指标？

答：活性污泥的性能可用污泥沉降比（SV）、污泥浓度（MLSS）、污泥体积指数（SVI）3 项指标来表示。这 3 个活性污泥性能指标是相互联系的。沉降比的测定比较容易，但所测得的结果受污泥量的限制，不能全面反映污泥性质，也受污泥性质的限制，不能正确反映污泥的数量；污泥浓度可以反映污泥数量；污泥指数则能有效全面地反映污泥凝聚和沉降的性质。

此外，能反映污泥性质的还有生物相，所谓生物相就是活性污泥的微生物组成。在较好的活性污泥中，除了细菌菌胶团以外，占优势的微生物常是固着型纤毛类原生动物，如钟虫、累枝虫等。

27. 活性污泥中微型动物的种类有哪些？

答：活性污泥中能见到的原生动物有 220 多种，其中以纤毛虫居多，可占 70%～90%。在污泥培养初期或污泥发生变化时可以看到大量的鞭毛虫、变形虫，而在系统正常运行期间，活性污泥中微型动物以固着型纤毛虫为主，同时可见游动型纤毛虫类（草履虫、肾形虫、豆形虫、漫游虫等）、匍匐型纤毛虫类（楯纤虫、尖毛虫、棘尾虫等）、吸管虫类（足吸管虫、壳吸管虫、锤吸管虫）等纤毛虫类。固着型纤毛虫类主要是钟虫类原生动物，这是在活性污泥中数量最大的一类微型动物，常见的有沟钟虫、大口钟虫、小口钟虫、累枝虫、盖纤虫、独缩虫等。

固着型纤毛虫类的沉渣取食方式可吞噬废水中的细小有机物颗粒、污泥碎片和游离细菌，起到清道夫的作用，使出水更清澈。在正常情况下，固着型纤毛虫类体内有维持水分平衡的伸缩泡定期收缩和扩张，但当废水中溶解氧降低到 1 mg/L 时，伸缩泡就处于舒张状态，不活动，因此可以通过观察伸缩泡的状况来间接推测污水溶解氧的含量。

活性污泥中除了上述仅有的一个细胞构成的原生动物之外，尚有由多个细胞构成的后生动物，较常见的有轮虫（猪吻轮虫、玫瑰旋轮虫等）、线虫和瓢体虫等。轮虫也采用沉渣取食方式。因此，通常在废水处理系统运转正常、有机负荷较低、出水水质良好时，轮虫才会出现；但当废水处理系统因泥龄长、负荷较低导致污泥因缺乏营养而老化解絮后，轮虫会因为污泥碎屑增多而大量增殖，这时，轮虫过多又成为污泥老化解絮的标志，线虫在膜生长较厚的生物膜处理系统中会大量出现。

28. 为什么可以将微型动物作为污水处理的指示生物？

答：活性污泥中出现的微型动物种类和数量，通常与污水处理系统的运转情况有着直接或间接的影响，进水水质的变化、充氧量的变化等都可以引起活性污泥组成的变化，微型动物体积比细菌要大得多，比较容易观察和发现其微型动物的变化，因而可以作为污水处理的指示生物。

29. 常用培养活性污泥的方法有哪几种？

答：按照待处理污水的水量、水质和污水处理场的具体条件，可采用间歇培养法、连续培养法两类方法培养活性污泥，连续培养法又可以分为低负荷连续培养法、高负荷连续培养法、接种培养法三种。

30. 什么是活性污泥的间歇培养法？

答：间歇培养法是将污水注满曝气池，然后停止进水，开始闷曝（只曝气而不进水）。闷曝 2～3 天后。停止曝气，静沉 1～1.5 h，然后再进入部分新鲜污水，水量约为曝气池容积的 1/5 即可。以后循环进行闷曝、静沉、进水三个过程，但每次进水量应比上次有所增加，而每次闷曝的时间应比上次有所减少，即增加进水的次数。

当污水的温度在 15～20℃时，采用这种方法经过 15 天左右，就可以使曝气池中的污泥浓度超过 1 g/L 以上，混合液的污泥沉降比（SV）达到 15%～20%，此时停止闷曝，连续进水连续曝气，并开始回流污泥。最初的回流比应当小些，可以控制在 25% 左右，随着污泥浓度的增高，逐渐将回流比提高到设计值。

31. 什么是活性污泥的连续培养法？

答：连续培养法是使污水直接通过活性污泥系统的曝气池和二沉池，连续进水和出水；二沉池不排放剩余污泥，全部回流曝气池，直到混合液的污泥浓度达到设计值为止的方法。具体做法有以下 3 种：① 低负荷连续培养；② 高负荷连续培养；③ 接种培养。

32. 什么是活性污泥的驯化？

答：活性污泥的驯化通常是针对含有有毒或难生物降解的有机工业废水而言。一般是预先利用生活污水或粪便水培养活性污泥，再用待处理的污水驯化，使活性污泥适应所处理污水的水质特点。经过长期驯化的活性污泥甚至有可能氧化分解一些有毒有机物，甚至将其变成微生物的营养物质，驯化的方法可分为异步法和同步法两种，两种驯化法的结果都是全部接纳工业废水。① 异步驯化法是用生活污水或粪便水将活性污泥培养成熟后，再逐步增加工业废水在混合液中的比例。每变化一次配比，污泥浓度和处理效果的下降不应超过 10%，并且经过 7～10 天运行后，能恢复到最佳值。② 同步驯化法是用生活污水或粪便水培养活性污泥的同时，就开始投加少量的工业废水，随后逐渐提高工业废水在混合液中的比例。

对于生活化性较好、有毒成分较少、营养也比较全面的工业废水，可以使用同步驯化法同时进行污泥的培养和驯化。否则，必须使用异步驯化法将培养和驯化完全分开。

33. 活性污泥法日常管理中有哪些需要观测的项目？

答：需要观测的项目有：① 对活性污泥状况的镜检和观察。② 观察曝气效果。③ 曝气时间：曝气时间以处理出水达到排放标准为条件，要根据进水水量、水质及曝气池容积等因素，按照运行经验确定最佳时间和最佳范围。④ 曝气量（供气量）。⑤ 曝气池混合液 30 min 沉降比 SV。⑥ 剩余污泥排放。⑦ 回流污泥量。⑧ 观察二沉池。

34. 活性污泥法日常管理中主要检测和记录的参数有哪些？

答：按照用途可以将废水处理场的常规监测项目分为以下 5 类：

（1）反映处理流量的项目：主要有进水量、回流污泥量和剩余污泥量。

（2）反映处理效果的项目：进出水的 BOD_5、COD_{Cr}、SS 及其他有毒有害物质的浓度。

（3）反映污泥状况的项目：包括曝气池混合液的各种指标 SV、SVI、MLSS、MLVSS 及生物相观察等和回流污泥的各种指标 RSSS、RSV 及生物相观察等。

（4）反映污泥环境条件和营养的项目：水温、pH、溶解氧、氮、磷等。

（5）反映设备运转状况的项目，水泵、泥泵、鼓风机、曝气机等主要工艺设备的运行参数，如压力、流量、电流、电压等。

35. 好氧生物处理的曝气方式主要有哪几种？

答：通常采用的曝气方式有鼓风曝气法和机械曝气法两种，有时也可以将两种方式联合使用。对于不同的曝气方式，曝气池的构造也各有特点。

36. 鼓风曝气有哪些形式？

答：根据扩散设备在曝气池混合液中的淹没深度不同。鼓风曝气法可以分为 4 种：① 底层曝气；② 浅层曝气；③ 深水曝气；④ 深井曝气。

37. 如何通过观测混合液中原生动物和后生动物种属和数量来判断曝气池运行状况？

答：（1）混合液溶解氧含量正常，活性污泥生长、净化功能强时，出现的原生动物主要是固着型的纤毛虫，如钟虫属、累枝虫属、盖虫属、聚缩虫属等，一般以钟虫属居多。这类纤毛虫以体柄分泌的黏液固潜在污泥絮体上，它们的出现说明污泥凝聚沉淀性能较好。此时，若进水负荷较低，出水水质肯定良好，而且还会在镜检时发现轮虫等以细菌为食的后生动物。

（2）在曝气池启动阶段，即活性污泥培养的初期，活性污泥的菌胶团性能和状态尚未良好形成的时候，有机负荷率相对较高而 DO 含量较低，此时混合液中存在大量游离细菌，也就会出现大量的游泳型的纤毛虫类原生动物，如豆形虫、肾形虫、草履虫等。

（3）混合液溶解氧不足时，可能出现的原生动物较少，主要是适应缺氧环境的扭头虫。这是一种体形较大的纤毛虫，体长 40～300 mm，主要以细菌为食，适应中等污染程度的水域。因此镜检时一旦发现原生动物以扭头虫居多，说明曝气池内已出现厌氧反应，需要及时采取降低进水负荷和加大曝气量等有效措施。

（4）混合液曝气过度或采用延时曝气工艺时，活性污泥因氧化过度使其凝聚沉降性能变差，呈细分散状，各种变形虫和轮虫会成为优势菌种。

（5）活性污泥分散解体时，出水变得很浑浊，这时候出现的原生动物主要是小变形虫，如辐射变形虫等。这些原生动物体形微小、构造简单，以细菌为食、行动迟缓，如果发现有大量这样的原生动物出现，就应当立即减少回流污泥量和曝气量。

（6）进水浓度极低时，会出现大量的游仆虫属、鞍甲轮虫属、异尾轮虫属等原生动物。

（7）原生动物对外界环境的变化影响的敏感性高于细菌，冲击负荷和有毒物质进入时，作为活性污泥中敏感性最高的原生动物，盾纤虫的数量就会急剧减少。

（8）活性污泥性能不好时，会出现鞭毛虫类原生动物，一般只有波豆虫属和屋滴虫属出现，当活性污泥状态极端恶化时，原生动物和后生动物都会消失。

（9）在活性污泥状况逐渐恢复时，会出现漫游虫属、斜管虫属、尖毛虫属等缓慢游动或匍匐前进的原生动物，和曝气池启动阶段的原生动物种类相似。

38. 什么是曝气池混合液污泥浓度（MLSS）？

答：曝气池混合液污泥浓度（MLSS）的英文是 Mixed Liquor Suspended Solid，因此又称混合液悬浮固体浓度，表示的是混合液中的活性污泥中有机固体物质的浓度，MLVSS 扣除了活性污泥中的无机成分，能够比较正确地表示活性污泥中活性成分的数量。其单位也是 mg/L 或 g/L。

MLSS 中包含了活性污泥中的所有成分，即由具有代谢功能的微生物群体、微生物代谢氧化的残留物、吸附在微生物上的有机物和无机物四部分组成。其单位是 mg/L 或 g/L。

39. 什么是曝气池混合液挥发性污泥浓度（MLVSS）？

答：曝气池混合液挥发性污泥浓度（MLVSS, Mixed Liquor Volatile Suspended Soild），因此又称为混合液挥发性悬浮固体浓度，表示的是混合液活性污泥中有机性固体物质的浓度，MLVSS 扣除了活性污泥中的无机成分，能够比较正确地表示活性污泥中活性成分的数量，单位是 mg/L 或 g/L。

条件一定时，MLVSS/MLSS 比值是固定的，比如城市污水一般在 0.75～0.85 之间，但不同的工业废水，MLVSS/MLSS 比值是有差异的。

40. 什么是曝气池混合液污泥沉降比（SV）？

答：污泥沉降比（SV, Settling Velocity），又称 30 min 沉降率，是曝气池混合液在量筒内静置 30 min 后所形成的沉淀污泥容积占原混合液容积的比例，以%表示。

41. 什么是污泥容积指数（SVI）？

答：污泥容积指数（SVI, Sludge Volume Index），是指曝气池出口处混合液经过 30 min 静置沉淀后，每克干污泥所形成的沉淀污泥所占的容积，单位以 mL/g 计。

42. 什么是活性污泥膨胀？污泥膨胀可分为几种？

答：污泥膨胀是活性污泥法系统常见的一种异常现象，是指由于某种因素的改变，活性污泥质量变轻、膨大、沉降性能恶化，SVI 值不断升高，不能在二沉池内进行正常的泥水分离，二沉池的污泥面不断上升，最终导致污泥流失，使曝气池中的 MLSS 浓度过度降低，从而破坏正常工艺运行的污泥，这种现象称为污泥膨胀。污泥膨胀时 SVI 值异常升高，有时可达到 400 以上。

污泥膨胀总体上可以分为丝状菌膨胀和非丝状菌膨胀两大类。丝状菌膨胀是活性污泥絮体中的丝状菌过度繁殖而导致的污泥膨胀，非丝状菌膨胀是指菌胶团细菌本身生理活动异常、黏性物质大量产生导致的污泥膨胀。

43. 污泥膨胀的危害有哪些？如何识别？

答：发生污泥膨胀后，二沉池出水的 SS 将会大幅度增加，直至超过国家排放标准，同时导致出水的 COD_{Cr} 和 BOD_5 也超标。如果不立即采取控制措施，污泥持续流失会使曝气池内的微生物数量锐减，不能满足分解有机污染物的正常需要，从而导致整个系统的性能下降，甚至崩溃。如果恢复，需要从培养、驯化活性污泥重新开始。

污泥膨胀可通过检测曝气混合液的 SVI、沉降速度和生物相来判断和预测，而通过观察二沉池出水悬浮物和泥面的上升变化是最直观的方法。对于市政污水处理厂，SVI 值在 100 左右，活性污泥的沉降性能最好，SVI 超过 150 时，就预示着有可能或已经发生污泥膨胀，在沉降试验时，如果发现区域沉降速度低于 0.6 m/h 也预示着有可能或已经发生污泥膨胀。生物相镜检时发现丝状菌的丰度逐渐增大，到（d）级时，预示着有可能发生污泥膨胀，到（e）级时，说明污泥已经处于膨胀状态。

44. 曝气池活性污泥膨胀的原因有哪些？解决的对策有哪些？

答：（1）水温突然降低：对策是设法提高水温或降低进水负荷，使微生物逐渐适应低温环境。

（2）pH 值突然降低：对策是对含酸污水及时调整 pH 值，使进入曝气池的污水接近中性。

（3）氮、磷等营养物质比例偏低：对策是根据具体情况在进水中投加尿素、磷酸铵、磷酸钾等氮肥和磷肥，提高进水中氮、磷等营养物质比例。

（4）有机负荷过高：对策是降低进水有机负荷。

（5）污泥在二沉池停留时间过长：对策是加大剩余污泥排放量减少污泥在二沉池的停留时间。

（6）气充载量不足：对策是增开风机台数或提高表曝机转速，设法提高曝气池混合液溶解氧含量，对曝气池局部曝气量不足的原因进行检查并予以排除。

（7）有毒有害物质含量突然升高：对策是通过减少曝气池进水量或增加回流泥量，降低曝气池混合液中有毒有害物质含量到正常范围内。

45. 曝气池运行管理的注意事项有哪些？

答：(1) 经常检查和调整曝气池配水系统和回流污泥分配系统，确保进入各系统或各曝气池的污水量和污泥量均匀。

（2）按规定对曝气池常规监测项目进行及时的分析化验，尤其是 SV、SVI 等容易分析的项目要随时测定，根据化验结果及时采取控制措施，防止出现污泥膨胀现象。

（3）仔细观察曝气池内泡沫的状况，发现并判断泡沫异常增多的原因，及时采取相应措施。

（4）仔细观察曝气池内混合液的翻腾情况，检查空气曝气器是否堵塞或脱落并及时更换，确定鼓风曝气是否均匀、机械曝气装置的淹没深度是否适中并及时调整。

（5）根据混合液溶解氧的变化情况，及时调整曝气系统的充氧量，或尽可能设置空气供应量自动调节系统，实现自动调整鼓风机的运行台数、自动使表曝气机变速的运行台数、自动使表曝气机变速运行等。

（6）及时清除曝气池边角处漂浮渣。

46. 曝气池活性污泥颜色由茶褐色变为灰黑色的原因是什么？

答：运行过程中，混合液活性污泥颜色由茶褐色变为灰黑色，同时出水水质变差，其根本原因是曝气池混合液溶解氧含量不足。而溶解氧含量大幅度下降的主要原因是进水负荷增高、曝气不足、水温或 pH 值突变、回流污泥腐败变性等，因此，对策就是立即对上述项目进行分析研究，确定主要原因和直接原因予以排除。

47. 活性污泥工艺中产生的泡沫种类有哪些？

答：活性污泥工艺中产生的泡沫一般分为 3 种：① 化学泡沫；② 反硝化泡沫；③ 生物泡沫。

48. 二次沉淀池运行管理的注意事项有哪些？

答：（1）经常检查并调整二沉池的配水设备，确保进入各二沉池的混合液流量均匀。

（2）检查浮渣斗的积渣情况并及时排出，还要经常用水冲洗浮渣斗。同时注意浮渣刮板与浮渣斗挡板配合是否适当，并及时调整或修复。

（3）经常检查并调整出水堰板的平整度，防止出水不均和短流现象的发生，及时清除挂在堰板上的浮渣和挂在出水相上的生物膜。

（4）巡位时仔细观察出水的感官指标，如污泥界面的高低变化、悬浮污泥量的多少、是否有污泥上浮现象等，发现异常后及时采取针对措施解决，以免影响水质。

（5）巡检时注意辨听刮泥、刮渣、排泥设备是否有异常声音，同时检查其是否有部件松动等，并及时调整或修复。

（6）定期（一般每年一次）将二沉池放空检修，重点检查水下设备、管道、池底与设备的配合等是否出现异常，并根据具体情况进行修复。

（7）由于二沉池一般池深较大，因此，当地下水位较高而需要将二沉池放空时，为防止出现漂池现象，一定要事先确认地下水位的具体情况，必要时可以先降水位再放空。

（8）按规定对二沉池常规监测项目进行及时的分析化验。

49. 二沉池常规监测项目有哪些？

答：二沉池常规项目及数值范围如下：

（1）pH 值：具体值与污水水质有关，一般略低于进水值，正常值为 6～9。

（2）悬浮物（SS）：活性污泥系统运转正常时，二沉池出水 SS 应当在 34 mg/L 以下，量大不应该超过 50 mg/L。

（3）溶解氧（DO）：因为活性污泥中微生物在二沉池继续消耗氧，出水溶解氧值应略低于曝气池出水。

（4）COD_{Cr} 和 BOD_5：应达到国家有关排放标准，COD_{Cr} 小于 100 mg/L，BOD_5 小于 30 mg/L。

（5）氨氮和磷酸盐：应达到国家有关排放标准，一级排放标准要求氨氮小于 15 mg/L；磷酸盐小于 0.5 mg/L。

（6）有毒物质：达到国家有关排放标准对有毒物质严格的要求。

（7）泥面：生产上可以使用在线泥位计实现剩余污泥排放的自动控制。

（8）透明度。

50. 什么是 AB 法？适用于处理哪些废水？

答：AB 法（Absorption Biodegradation）是吸附—生物降解工艺的简称，由以吸附作用为主的 A 段和以生物降解作用为主的 B 段组成，是在常规活性污泥法和两段活性污泥法基础上发展起来的一种污水处理工艺。A 段负荷较高，有利于增殖速度快的微生物繁殖，在此成活的只能是冲击负荷能力强的原核细菌，其他世代较长的微生物都不能存活。A 段污泥浓度高、剩余污泥产率大，吸附能力强，污水中的重金属、难降解有机物及氮、磷等植物性营养物质都可以在 A 段通过污泥吸附去除。A 段对有机物的去除主要靠污泥絮体的吸附作用，以物理作用为主，因此 A 段对有毒物质、pH 值、负荷和温度的变化有一定的适应性。

一般 A 段的污泥负荷可高达 $2\sim6$ kg BOD_5/（kg MLSS·d），是传统活性污泥法 $10\sim20$ 倍，而水力停留时间和泥龄都很短（分别只有 0.5 h 和 0.5 d 左右）。溶解氧只要 0.5 mg/L 左右即可。污水经 A 段处理后，水质水量都比较稳定，可生化性也有所提高，有利于 B 段的工作，B 段生物降解作用得到充分发挥。B 段的运行和传统活性污泥法相近，污泥负荷为 $0.15\sim0.3$ kg BOD_5/（kgMLSS·d），泥龄为 $15\sim20$ 天，溶解氧 $1\sim2$ kg/L。

AB 法 A 段的正常运行，必须有足够的已经适应待处理污水性质的微生物，因为 A 段去除率的高低与进水微生物量直接相关，这也是 A 段之前不设初沉池的原因，因此 AB 法适用于处理城市污水和含有城市污水的混合污水。而对于工业废水或某些工业废水比例较高的城市污水，由于其中适应污水环境的微生物浓度很低，使用 AB 法时 A 段效率会明显降低，A 段作用只相当于初沉池，对这类污水不宜采用 AB 法。另外，未进行有效预处理或水质变化较大的污水也不适宜使用 AB 法处理，因为在这样的污水管网系统中，微生物不宜生长繁殖，直接导致 A 段的处理效果因外源微生物的数量较少而受到严重影响。

51. 什么是 A/O 法？

答：A/O 法是缺氧/好氧（Anoxic/Oxic）工艺或厌氧/好氧（Anaero/Oxic）工艺的简称。

52. 什么是 A^2O 法？

答：A^2O 法是厌氧/缺氧/好氧（Anaerobic/Anoxic/Oxic）工艺的简称。

53. 什么是 SBR 法？运行工序如何？

答：间歇曝气式活性污泥法又称序批式活性污泥法（Sequencing Batch Reactor，SBR）。其主要特征是：反应池一批一批地处理污水，采用间歇式运行的方式，每一个反应池都兼有曝气池和二沉池作用，因此不再设置二沉池和污泥回流设备，而且一般也可以不建水质或水量调节池。SBR 法一般由多个反应器组成，污水按序列依此进入每个反应器。无论时间上还是空间上，生化反应工序都是按序排列、间歇运行的。间歇曝气式活性污泥法曝气池的运行周期由进水、曝气反应、沉淀、排放、闲置待机五个工序组成，而且这五个工序都是曝气池内进行。SBR 法运行时，五个工序的运行时间、反应器内混合液的体积以及运行状态等都可以根据污水性质，出水质量与运行功能要求灵活掌握。曝气方式可以采用鼓风曝气或机械曝气。

54. 什么是生物膜法？

答：好氧生物膜法又称固定膜法，是土壤自净过程的人工化。其基本特征是在污水处理构造物内设微生物生长聚集的载体（即一般所称的填料），在充氧的条件下，微生物在填料表面积聚附着形成生物膜。

55. 如何培养和驯化生物膜？

答：使具有代谢活性的微生物污泥在生物处理系统中的填料上固着生长的过程称为挂膜，挂膜也就是生物膜处理系统膜状污泥的培养和驯化过程。因此，生物膜法刚开始投运的挂膜阶段，一方面是使微生物生长繁殖至填料，表面布满生物膜，其中微生物的数量满足污水处理的要求；另一方面还要使微生物逐渐适应所处理污水的水质，即对微生物进行驯化。

挂膜过程使用的方法一般有直接挂膜法和间接挂膜法两种。在各种形式的生物膜处理设施中，生物接触氧化池和塔式生物油池由于具有曝气系统，而且填料盘和填料空隙均较大，可以使用直接挂膜法，而普通生物滤池和生物转盘等设施需要使用间接挂膜法。挂膜过程中回流沉淀池出水和池底沉泥，可促进挂膜的早日完成。

直接挂膜法是在合适的水温、溶解氧等环境条件及合适的 pH 值、BOD_5、C/N 等水质条件下，让处理系统连续进水正常运行。对于生活污水、城市污水或含有较大比例生活污水的工业废水可以采用直接挂膜法，一般经过 7~10 d 就可以完成挂膜过程。

对于不易生物降解的工业废水，尤其是使用普通生物滤池和生物转盘等设施处理时，为了保证挂膜的顺利进行，可以通过预先培养和驯化相应的活性污泥，然后将该污泥或其他类似污水处理厂的污泥与工业废水一起放入一个循环池内，再用泵投入生物膜法处理设施中，出水和沉淀污泥均回流到循环池。循环运行形成生物膜后，通过运行并加入要处理工业废水。可先投配 20% 的工业废水，经分析进水的水质，生物膜具有一定处理效果后，再逐步加大工业废水的比例，直到全部都是工业废水为止，也可以用接有少量（20%）工业废水的生活污水直接培养生物膜，挂膜成功后再逐步加大工业废水的比例，直到全部都是工业废水为止。

和活性污泥法一样，在培养和驯化生物膜阶段，一定要尽可能创造微生物生长繁殖所需最优越的条件，尤其是氮、磷等营养元素的数量必须充足（可按进水 COD_{Cr}：N：P＝100：5：1 估算。

56. 生物膜法对布水与布气有什么特殊要求？

答：对于各种生物膜处理设施，为了保证生物膜的均匀增长，防止污泥堵塞填料，确保池内处理效果的均匀，处理设施的布水和布气必须十分均匀。一般设计上对布水和布气都有一定考虑，但实际运行的各种参数往往和设计值存在一定差距，因此需要利用布水布气系统的调节装置，根据进水水质和水量的变化情况，及时调整各池或池内各部分的配水量或鼓风量，保证布水、布气的均匀性。

由于布水布气管淹没在池底，受到进水水质的影响，或制作的原因，或运行控制的原因，布水布气管的某些孔眼有可能被堵塞，必然会造成布水或布气的不均匀，使废水或气流在填料上分配不均，从而导致生物膜的生长不均匀，降低处理效果。为此，可通过以下措施解决：① 加强预处理设施的管理，提高初沉池对油脂和悬浮物的去除率；② 提高回流量保证布水孔嘴具有足够的流量；③ 定期对布水管道和喷嘴进行大水量冲洗；④ 减少池底污泥的沉积量，并避免曝气系统的长时间停运。

57. 接触氧化法运行和管理应该注意哪些问题？

答：（1）接触氧化法填料完全淹没在水中，因此启运时生物膜的培养方式和活性污泥法基本相同，可间歇培养也可直接培养，对于工业废水，在利用生活污水培养成生物膜后，还要进行驯化。

（2）当处理工业废水时，如果污水缺乏足够的氮、磷等营养成分，要及时分析化验进出水的氮、磷等营养成分含量，根据具体情况间断或连续向水中投加适量的营养盐。

（3）定时进行生物膜的镜检，观察接触氧化池内尤其是生物膜中特征微生物的种类和数量，一旦发现异常要及时调整运行参数。

（4）尽量减少进水中的悬浮杂物，以防其中尺寸较大的杂物堵塞填料的过水通道口，避免进水负荷长期超过设计值造成生物膜异常生长，进而堵塞填料的过水通道。一旦发生堵塞现象，可采取增加曝气强度、以增强接触氧化池内水流紊动性的方法，或采用出水回流、以提高接触氧化池内水流速度的方法，加强对生物膜的冲刷作用，恢复填料的原有效果。

58. 厌氧生物处理反应器启动时的注意事项有哪些？

答：（1）厌氧生物处理反应器在投入运行之前，必须进行充水试验和气密性试验，充水试验要求无漏水现象，气密性试验要求池内加压到 350 mm 水柱，稳定 15 min 后压力降到小于 100 mm 水柱。而且在进行厌氧污泥的培养和驯化之前，最好使用氮气吹扫。

（2）厌氧活性污泥最好从处理同类污水的正在运行的厌氧处理构筑物中取得，也可取自江河湖泊沼泽底部、市政下水道及污水集积处等处于厌氧环境下的淤泥，甚至还可以使用好氧活性污泥法的剩余污泥进行转性培养，但这样做需要的时间要更长一些。

（3）厌氧生物处理反应器因为微生物增殖缓慢，一般需要的启运时间较长，如果能接种大量的厌氧污泥，可以缩短启动时间。一般接种污泥的数量要达到反应器容积的 10%～90%，具体值根据接种污泥的来源情况而定。接种量越大，启动时间越短，如果接种污泥中含有适量的甲烷菌，效果会更好。

（4）采用中温消化或高温消化时，加热升温的速度越快越好，一定不能超过 1℃/h。同时对含碳水化合物较多、缺乏碱性缓冲物质的废水，需要补充投加一部分碱性物质，并严格控制反应器内的 pH 值在 6.8～7.8 之间。

（5）启动时的初始有机负荷与厌氧处理方法、待处理废水性质、温度等工艺条件及接种污泥的性质等有关，一般从较低的负荷开始，再逐步增加负荷完成启运过程。

例如 UASB 启动时，初始有机负荷一般为 0.1～0.2 COD_{Cr}/（kg MLSS·d），当 COD_{Cr} 去除率达到 80% 或出水中挥发性有机酸 VFA 的浓度低于 1 000 mg/L 后，再按原有负荷 50% 的递增幅度增加负荷。如果出水中 VFA 浓度较高，则不宜提高负荷，甚至要酌情降低负荷。

（6）厌氧反应器的出水以一定的回流比返回反应器，可以回收部分流失的污泥及出水中的缓冲性物质、平衡反应器中水的 pH 值。一般附着型的反应装置因填料具有一定的拦截作用，可以不用回流出水；而悬浮生长型反应装置启动时因污泥易于流失，可适当出水回流。

（7）对于悬浮型厌氧反应装置，可以投加粉末无烟煤、砂粒、粉末活性炭或絮凝剂，促进污泥的颗粒化。

（8）启动初期水力负荷过高可能造成污泥的大量流失，水力负荷过低又不利于厌氧污泥的筛选。一般在启动初期选用较低的水力负荷，经过数周后再缓慢平稳地递增。

59．厌氧污泥培养成熟后的特征有哪些？

答：培养结束后，成熟的污泥呈深灰到黑色，有焦油气味但无硫化氢臭味，pH 值在 7.0~7.5 之间，污泥容易脱水和干化。

60．厌氧处理日常管理中的注意事项有哪些？

答：（1）与好氧活性污泥法相比，厌氧系统对工艺条件及环境因素的变化，反应更加敏感。因此，对厌氧系统的运行控制提出了更高的要求，必须根据分析检测结果随时对运行进行调整。

（2）定期对厌氧池进行清砂和清渣。池底积砂太多，一方面会造成排砂困难，另一方面还会缩小有效池容，影响处理效果。一般来说，连续运行 5 年以后应当进行清砂。池上部液面如果积聚浮渣太多，会阻碍沼气自液相向气相的转移。如果运行时间不长，积砂积渣量就很多，就应当检查沉砂池和格栅除污的效果，加强对预处理的工艺控制和维护管理。平时利用放空管定期排砂，可以有效地防止砂在厌氧处理池内的积累。

（3）定期维护搅拌系统。沼气搅拌立管常有被污泥及污物堵塞的现象，可以将其他立管关闭，大气量冲洗被堵塞的立管。机械搅拌桨常有被纤维状长条污物缠绕的问题，可以运用机构搅拌桨反转的方法甩掉缠绕的污物。另外，要经常检查搅拌轴穿过池顶板处的气密性。

（4）定期检查维护加热系统。蒸气加热立管也常有被污泥物堵塞现象，可用加大蒸气量的方法吹开。当采用池外热水循环加热时，如果泥水热交换器发生堵塞。可拆开清洗或用加大水量的方法冲洗。

（5）预防结垢。如果管道内结垢，将增大管道阻力；如果热交换器结垢，可降低交换器效率。在管道上设置活动清洗口，经常用高压水清洗管道，可有效防止垢的增厚。当结垢严重时，则只有用酸清洗。

（6）厌氧池运行一段时间后，应当进行彻底的维修，即停止进行，对池体和管道等辅助设施进行全面的防渗检查与处理。根据腐蚀程度，对所有金属构件进行防腐处理，对池壁进行防渗处理。重新投运时，必须和新池投运时一样，进行油水试验和气密性试验。

（7）消化系统内的许多管路和阀门为间歇运行，因而冬季要注意采取防冻和保温措施。如果保温效果差，冬季加热的能量消耗就多。因此要经常检查池体和加热管道的保温设施是否完好，如果保温效果较差，热损失很大，应当更换保温材料，重新保温。

（8）注意防止泡沫的产生。泡沫会阻碍沼气向气相的正常转移，影响产气量和系统的正常运行。要根据泡沫产生的原因找到相应的解决对策，及时予以调整。

（9）注意沼气可能带来的防爆问题和使操作管理人员中毒窒息问题。

61. 什么是颗粒污泥？

答：颗粒污泥的形成实际上是微生物固定的一种形式，其外观为具有相对规则的球形或椭圆形黑色颗粒。颗粒污泥的粒径一般为 0.1～3 mm，个别大的有 5 mm，密度为 1.04～1.08 g/cm³，比水略重，具有良好的沉降性能和降解水中有机物的性能。

在光学显微镜下观察，颗粒污泥呈多孔结构，表面有一层透明胶状物，其上附着甲烷菌，颗粒污泥靠近外表面部分的细胞密度最大，内部结构松散、细胞密度较小，粒径较大的颗粒污泥往往有一个空腔，这是由于颗粒污泥内部营养不足使细胞自溶而引起的。大而空的颗粒污泥容易破碎，其破碎的碎片成为新生颗粒污泥的内核，一些大的颗粒污泥还会因内部产生的气体不易释放出去而容易上浮。

62. 使升流或厌氧污泥反应器内出现颗粒污泥的方法有哪几种？

答：UASB 反应器运行成功的关键是具有颗粒污泥，使 UASB 反应器内出现颗粒污泥的方法有以下三种：

（1）直接接种法：从正在运行的其他 UASB 反应器后，由少到多逐步加大被处理水量直到设计水量。这种方法反应器投产所需时间最少，但一般只有在启动小型 UASB 反应器时采用这种方法。

（2）间接接种法：将取自正在运行的厌氧处理装置的厌氧活性污泥，如城市污水处理场的消化污泥，投入 UASB 反应器后，创造厌氧微生物最佳的生长条件，用人工配制的、含有适当营养成分的营养水进行培养，形成颗粒污泥后，再由少到多逐步加大被处理的污水水量直到设计水量。

（3）直接培养法：将取自正在运行的厌氧处理装置的厌氧活性污泥，如污水处理场的消化污泥，投入 UASB 反应器后，用被处理污水直接培养，形成颗粒污泥后，再逐步加大被处理的污水水量，直接设计水量。这种方法反应器投产所需时间多，可长达 3～4 个月，大型 UASB 反应器常采用这种方法。

63. 直接培养法培养颗粒污泥有哪些注意事项？

答：直接培养颗粒污泥时通常使用非颗粒性的污泥，虽然厌氧处理工艺的大多数菌种要求严格的厌氧条件，但在培养启动时不必追求严格的厌氧。因此直接培养时既可以使用非颗粒性的纯厌氧污泥，也可以使用经过陈化的好氧剩余污泥，如果有搅拌设施，还可以投入未经消化的脱水污泥。即使引入的污泥中含有一定量的溶解氧，只要不再补充氧，反应器内的溶解氧也会很快被接种泥中的兼性菌消耗掉而最终形成严格的厌氧条件。其他的注意事项如下：

（1）最好一次投加足够量的接种厌氧污泥，一般接种厌氧污泥投加量为 40～60 kg/m³，同时进水中要补充足够的营养盐，必要时还要添加硫、钙、钴、钼、镍等微量元素。

（2）为使颗粒污泥尽快形成，开始进水时 COD_{Cr} 浓度不宜过高，一般要低于 5 000 mg/L，可采取加大回流比的方法，使进水负荷按污泥负荷计应低于 0.1～0.2 kg COD_{Cr}/（kg MLSS·d）。同时，要将进水用蒸汽加热；pH 值应保持在 7～7.2 之间，进水碱度一般不低于 75 mg/L。

（3）出现小颗粒污泥后，为使小颗粒污泥发展为大颗粒污泥，要适当提高反应器表面水力负荷，将絮状污泥和分散的细小颗粒污泥从反应器中"洗出"。但是一定要使"洗出"缓慢进行、逐步提高水力负荷，过度地"洗出"会使反应器内污泥量大量减少而使颗粒污泥培养失败。有关试验表明，当表面水力负荷在 0.25 m³/（m²·h）以上时，会使污泥产生水力分级现象。

（4）在培养初期，出水中会夹带着一些污泥絮片，反应器内污泥浓度有所降低，颗粒污泥尚未形成之前，即使反应器具有一定去除率，但由于污泥流失量大于生物增长量，反应器内污泥浓度还会继续下降。颗粒污泥形成后，随着容积负荷的不断加大，增殖的生物量才会大于污泥流失量，反应器内污泥浓度开始增加。因此，培养初期污泥流失造成污泥浓度下降是正常现象，因培养时间较长，要有耐心，注意观察和分析有关化验数据。

（5）培养不能长期在低负荷下运行，当出水水质较好、COD_{Cr} 去除率较高后，应当逐渐提高负荷，但不能突然提高负荷，以防止造成冲击，对污泥颗粒化不利。当颗粒污泥出现后，应当在适宜的负荷下稳定运行一段时间，以便培养出沉降性能良好的和产甲烷细菌活性很高的颗粒污泥。一般情况下，高温 55℃运行约 100 d、中温 35℃运行约 160 d 颗粒污泥才能培养完成，低温 20℃需要运行 200 d 以上才有可能培养完成。

（6）培养过程中应控制消化池内 VFA 的浓度在 1 000 mg/L 以下，如果废水中原有的和在厌氧发酵过程中产生的各种挥发性有机酸浓度较高时，不能再提高进水的有机负荷。

64．升流式厌氧污泥反应器运行管理应该注意哪些问题？

答：（1）容积负荷要适当：容积负荷适中是 UASB 正常运行的关键因素之一，过高或过低都将影响其处理效果。

（2）UASB 的各个组成部分都要采取有效的防腐措施以防止挥发性脂肪酸、硫化氢等具有强烈腐蚀作用的厌氧反应中间产物对反应器内部产生的破坏作用，从而延长 UASB 反应器的使用寿命。

（3）浮渣要及时清除：在处理一些高浓度有机污水时，容易产生泡沫和污泥漂浮现象，时间一长，会在 UASB 反应器内液面聚积形成一层很厚的浮渣。浮渣层的存在，会限制沼气的顺利释放，对厌氧污泥的正常沉降产生干扰，因而使出水夹带大量悬浮污泥、影响出水水质。为此，要在出水栅前设置浮渣挡板，减少出水中悬浮物的含量，还要用刮渣机或人工定期将浮渣从反应器中清除出来。

（4）及时排出剩余污泥：厌氧污泥增殖虽然很慢，但随着 UASB 反应器运行时间的延长增多，如果不及时排出，泥龄过长，会导致厌氧污泥活性下降，出水中悬浮物的含量也会增离。小型 UASB 反应器（截面小于 10 m²），可使用一个排泥管定期排泥即可。如果 UASB 反应器尺寸较大，要注意排泥均匀，必须进行多点均匀排泥，以防厌氧污泥床区的污泥分布不均。否则，排泥时排泥口附近的污泥浓度有可能过低，污泥床区局部处理效果下降，进而影响整个出水水质。为防堵塞，排泥管管径不小于 20 mm，为运行操作方便，也可将排泥口设在三相分离器 200 mm 以下污泥悬浮层区的某个位置。

（5）进水配水必须均匀：进水配水系统兼有配水和水力搅拌的作用。进水必须均匀地分配到整个反应器，确保反应器各单位面积的进水量基本相同，以防止水流短路或表面负荷不均匀等现象产生；同时，进水水流还要满足反应区污泥床和污泥悬浮层水力搅拌的需要，确保进水与污泥迅速混合，防止局部发生酸化现象。常用的配水系统的形式有树枝管式、穿孔管式和多孔管式三种。

（6）污水在 UASB 反应器中的上升流速要控制在 1～2 m/h，过高会使出水中悬浮物的含量增高；过低则起不到水力搅拌的作用，不能使污泥区污泥呈悬浮状态，此时污泥会沉积在反应器底部，达不到使进水与污泥充分接触混合的目的。

65．废水处理中产生的污泥种类有哪些？

答：按污水的处理方法或污泥从污水中分离的过程，可以将污泥分为 4 类：① 初沉污泥：污水一级处理产生的污泥；② 剩余活性污泥：活性污泥法产生的剩余污泥；③ 腐殖污泥：生物膜法二沉池产生的沉淀污泥；④ 化学污泥：化学法强化一级处理或三级处理产生的污泥。

按污泥的不同产生阶段，可以将污泥分为 5 类：① 生污泥：从初沉池和二沉池排出的沉淀物和悬浮物的总称；② 浓缩污泥：生污泥浓缩处理后得到的污泥；③ 消化污泥：生污泥厌氧分解得到的污泥；④ 脱水污泥：经过脱水处理后得到的污泥；⑤ 干化污泥：经过干燥处理后得到的污泥。

66. 什么是污泥浓缩？常用浓缩方法有哪些？

答：污泥浓缩是污泥脱水的初步过程，污水处理过程产生的污泥含水率都很高，尤其是二级生物处理过程中的剩余活性污泥，含水率一般为 99.2%～99.8%，纯氧曝气法的剩余污泥含水率较低，也在 98.5% 以上，而且数量很大，对污泥的处理、利用及输送都造成了一定的困难，因此必须对其进行浓缩。浓缩后的污泥近似糊状，含水率降为 95%～97%。

污泥浓缩的对象是间隙水，当污泥的含水率由 99% 下降为 96% 时，体积可以减少为原来的 1/4，但仍可保持其流动性，可以用泵输送，可以大大降低运输费用和后续处理费用。

污泥浓缩常用的方法有重力浓缩法、气浮浓缩法和离心浓缩法三种。

67. 重力浓缩池运行管理有哪些注意事项？

答：（1）入流污泥中的沉淀池污泥与二沉池污泥要混合均匀，防止因混合不匀导致池中出现异重流扰动污泥层，降低浓缩效果。

（2）当水温较高或生物处理系统发生污泥膨胀时，浓缩池污泥会上浮和膨胀，此时投加氧化剂抑制微生物的活动可以使污泥上浮现象减轻。

（3）必要时在浓缩池入流污泥中加入部分二沉池出水，可以防止污泥厌氧上浮，改善浓缩效果，同时还可以适当降低浓缩池周围的恶臭程度。

（4）浓缩池长时间没有排泥时，如果想开启污泥浓缩机，必须先将池子排空并清理沉泥，否则有可能因阻力太大而损坏浓缩机。在北方地区的寒冷冬季，间歇进泥的浓缩池表面出现结冰现象后，如果想要开启污泥浓缩机，必须先破冰也是这个道理。

68. 什么是污泥消化？可采用哪两种工艺？

答：污泥消化是利用微生物的代谢作用，使污泥中的有机物质稳定化。当污泥中的挥发性固体 VSS 含量降到 40% 以下时，即可认为已达到稳定化。污泥消化稳定可以采用好氧处理工艺，也可以采用厌氧处理工艺。

69. 什么是污泥的厌氧消化？与高浓度废水的厌氧处理有何不同？

答：污泥的厌氧消化是利用厌氧微生物经过水解、酸化、产甲烷等过程，将污泥中的大部分固体有机物水解、液化后并最终分解掉的过程。产甲烷菌最终将污泥有机物中的碳转变成甲烷并从污泥中释放出来，实现污泥的稳定化。

污泥的厌氧消化与高浓度废水的厌氧处理有所不同。废水中的有机物主要以溶解状态存在，而污泥中的有机物则主要以固体状态存在，按操作温度不同，污泥厌氧消化分为中温消化（30～37℃）和高温消化（45～55℃）两种。由于高温消化的能耗较高，大型污水处理场一般不会采用。因此常见的污泥厌氧消化实际都是中温消化。

70. 污泥厌氧消化池消化污泥的培养方法有哪些？

答：污泥厌氧消化系统的启动，就是完全厌氧消化污泥即厌氧活性污泥或甲烷菌的培养过程。厌氧消化污泥的培养方法有两种：

（1）逐步培养法：即向厌氧消化池内逐步投入生污泥，使生污泥自行逐渐转化为厌氧消化污泥的方法。此法使活性污泥经历一个由好氧到厌氧的转变过程，厌氧微生物的生长速率比好氧微生物要低很多，因此逐步培养过程耗时很长，一般需要 6～10 个月才能完成。

（2）接种培养法：接种污泥一般取自正在运行的城市污水处理厂的污泥厌氧消化池，当液态消化污泥运输不便时，可使用经过机械脱水的干污泥。在缺乏厌氧消化污泥的地方，可以从坑塘中取腐化的有机底泥，或以人粪、猪粪、牛粪、酒糟或初沉池污泥来作为菌种。将污泥先用水溶化，再用 2 mm×2 mm 的滤网过滤除去大块杂质，再进行静置沉淀去掉部分上清液后，将固体浓度为 3%～5%的污泥作为接种污泥投入消化池。

71. 污泥厌氧消化池的常规监测项目有哪些？

答：污泥厌氧系统每班应定时监测和记录的项目有：① 进泥量、排泥量、上清液排放量、热水或蒸汽用量；② 进泥、排泥、消化液和上清液的 VFA 和 ALK；③ 进泥、消化液和上清液的 pH 值；④ 消化液温度，而且要多点检测观察各点之间的温差大小；⑤ 沼气产量。以上项目中除了 VFA 和 ALK 外，其余项目都可以用在线仪表随时监测并在控制室集中显示。

污泥厌氧消化系统应每日检测的项目有：① 进泥、排泥、消化液和上清液的总悬浮固体 SS、有机成分、氨氮和总氮；② 进泥、排泥和消化液的灼烧减重和灰分：即测定污泥中有机物的含量的变化；③ 上清液中的 BOD_5、COD_{Cr}、TP；④ 沼气中 CH_4、CO_2、H_2S 等组分的含量。

污泥厌氧消化系统应每周检测的项目是：进泥和排泥中的大肠菌群、蛔虫卵数量。

通过以上监测数据，应定时计算的指标有：VFA/TAK 值、消化时间（或水力停留时间）、水力负荷和有机物投配负荷、单位体积污泥或投入污泥中的单位重量有机物的产气率、有机物分解率（消化率，即投入污泥中的有机成分进行气化和无机化的比例)。

72. 污泥厌氧消化池的正常操作步骤是怎样的?

答:污泥厌氧消化池的正常运行过程中除了收集沼气外,由进泥、排泥、排上清液、加热和搅拌五个主要操作环节组成。

进泥、排泥、排上清液、加热和搅拌这五个操作不可能同时进行,操作顺序的不同会对消化效果有一定的影响。如何确保最佳运行效果,确定合理的操作顺序,需要借鉴实践经验,一般采用溢流排泥、内蒸汽加热的单级污泥消化池,其合理的操作顺序为进泥、排泥、排上清液、加热、搅拌。而采用非溢流排泥、池外交换器加热时,合理的操作顺序是排上清液、排泥、进泥、加热、搅拌。另外,五个操作环节的循环周期越短,越接近连续运行,消化效果越好。采用人工操作时,操作周期一般为 8 h。能实现完全自动控制操作时,操作周期可以采用 2~4 h。

73. 污泥厌氧消化池正常操作注意事项有哪些?

答:(1)进泥是为消化池内的微生物提供营养源,进泥量应根据池内消化温度、消化时间因素由运行经验确定。中温消化每日的进泥中的固体量不能超过池内固体总量 5%,而且进泥中的固体浓度应尽量高一些(一般为 4% 左右)为避免泵和输泥管道的堵塞,一般都采用间歇进泥方式,即大流量、短时间内进泥。为使消化池进泥均匀,每日的进泥次数尽可能多,而且每次的进泥量要尽可能相同。为防止进泥时消化池液面上升过多引起气室压力的波动,需要设置上清液溢流设施。

(2)排泥和上清液的排放直接关系到消化池运行效果的好与坏,排泥量和上清液排放量的比值以维持消化池内污泥浓度稳定和产气量最大为原则,并根据经验确定。排泥和排放上清液一般都间歇进行,每天数次。而且最好是先排上清液、再排泥,以保证排泥浓度不小于 30 g/L,否则消化很难进行。

(3)加热是维持厌氧中温消化的关键手段,为保证消化液的温度根本不变[(35±1)℃],必须经常检查加热盘管或热交换器的进、出口热水的温度和流量,如果发现加热效果不理想,应立即进行调节或维修。

(4)搅拌可以促进泥与消化液的混合均匀、有利于沼气与污泥颗粒的分离,因此搅拌直接影响产气量的多少和消化效果。由于纤维杂物的缠绕在搅拌桨叶上或磨损腐蚀等使搅拌桨叶和搅拌轴等原因会引起搅拌效果的下降,必须通过经常检查运行情况来保证搅拌效果。搅拌间歇进行,一般间歇时间为搅拌时间的 3~4 倍,通常在进泥和加热后或同时进行搅拌,而在排放消化液时应停止搅拌。

以上操作步骤都要和沼气的产量相联系,操作的顺序和每个步骤的时间都以不影响产气量为原则。

74. 污泥厌氧消化池的运行管理注意事项有哪些？

答：（1）微生物的管理。正在消化的污泥中，微生物主要是细菌，所以不能像好氧处理中作为指标生物的各种微型生物那样，依靠镜检来判断污泥的活性。因此，一般都采用能反映微生物代谢影响的指标间接判断微生物活性。为了掌握消化池的运转状态，应当及时监测的指标有沼气量、消化污泥中的有机物含量、挥发性脂肪酸浓度、碱度、pH 值等，这些指标也就是消化池的日常管理检测指标。

最敏感和最直观的反映消化运行情况的指标是沼气产生量。气体产生量减少往往是消化开始受到抑制的征兆，每天必须要对产气量进行测定，现在已经能利用计量仪表随时检测气体产生的瞬时流量和累计流量。pH 值降低会引起有机酸的积累，因而是抑制气化的表征。在污泥消化正常进行过程中，pH 值应当在 7 左右，挥发性脂肪酸浓度为 $300 \sim 700$ mg/L、碱度为 $2\,000 \sim 2\,500$ mg/L 的范围内。

（2）重金属的影响。一般来说，如果好氧生物处理系统运转正常，那么从二沉池排出的剩余污泥对消化池中厌氧微生物的毒害作用也不会出现，甚至其中的部分金属元素是污泥消化池中厌氧微生物的必须营养元素。但由于污水成分复杂和污泥的富集作用，有时会造成剩余污泥中的某种重金属含量过高，往往也会对消化过程产生抑制作用。为了减少和消除重金属的毒性，可以采用向消化池内投加消石灰、液氨和硫化钠等药剂，提高 pH 值。

（3）负荷和温度的影响。在消化池的管理上，更重要的工作是防止超负荷投加以及不使消化温度降低。超负荷和温度降低对厌氧消化的影响比对好氧处理的影响更为显著，恢复需要的时间更长。一旦出现消化被抑制的征兆，必须立即采取处理对策。但当进泥量远小于消化池设计进泥量时，由于负荷较低，为充分利用消化池的容积，可延长污泥在消化池内的水力停留时间即消化的天数，如果消化时间可以达到 60 d 以上，可不对消化池进行加热，而只进行常温消化、节约加热所需的能量。

（4）挥发酸积累的影响。消化良好时，VFA 的浓度应当为 $300 \sim 500$ mg/L，VFA 出现积累，含量超过 $2\,000$ mg/L 后会妨碍甲烷菌的正常生长和使消化效果下降。当消化池挥发性脂肪酸浓度较高时，必然会引起 pH 值的降低，此时可投加碱液予以缓解。但采用加氨调 pH 值必须要慎重，因为消化液中氨浓度达到 $1\,500 \sim 3\,000$ mg/L 时，就能对消化反应产生抑制。在正常运行的污泥消化池中，厌氧消化因 VFA 积累受到抑制的原因主要是超负荷或有害物质含量上升。

75. 污泥厌氧消化池日常维护管理的内容有哪些？

答：（1）经常通过进泥、排泥和热交换器管道上设置的活动清洗口，利用高压水冲洗管道，以防止泥垢的增厚。当结垢严重时，应当停止运行，用酸清洗除垢。

（2）定期检查并维护搅拌系统：沼气搅拌立管经常有被污泥及其他污物堵塞的现象，可以将其余立管关闭，使用大气量冲洗被堵塞的立管。机械搅拌桨被长条状杂物缠绕后，可使机械搅拌器反转甩掉缠绕杂物。另外，必须定期检查搅拌轴穿过顶板处的气密性。

（3）定期检查并维护加热系统：蒸汽加热立管也经常有被污泥及其他污物堵塞的现象，可以将其余立管关闭，使用大气量吹开堵塞物。当采用池外热交换器加热、泥水热交换器发生堵塞时，换热器前后的压力表显示的压差会升高很多，此时可用高压水冲洗或拆开清洗。

（4）污泥厌氧消化系统的许多管道和阀门为间歇运行，因而冬季必须注意防冻，在北方寒冷地区必须定期检查消化池和加热管道的保温效果，如果保温不佳，应更换保温材料或保温方法。

（5）消化池应定期进行清砂和清渣：池底积砂过多不仅会造成排泥困难，而且会缩小有效池容，影响消化效果；池内液面积渣过多会阻碍沼气由液相向气相的转移。如果运行时间不长，污泥消化池就积累很多泥沙或浮渣，则应当检查沉砂池和格栅的除污效果，加强对预处理设施的管理。一般来说，污泥厌氧消化池运行5年后应清砂一次。

（6）污泥消化池运行一段时间后，应停止运行并放空对消化池进行检查和维修，对池体结构进行检查，如果有裂缝必须进行专门的修补。检查池内所有金属管道、部件及池壁防腐层的腐蚀程度，并对金属管道、部件进行重新防腐处理，对池壁进行防渗、防腐处理，维修后，重新投运前，必须进行满水试验和水密性试验。此项工作可以和清砂结合在一起进行。

（7）定期校验值班室或操作巡检位置设置的甲烷浓度检测和报警装置，保证仪表的完好和准确性。

76. 常用污泥机械脱水的方法有哪些？

答：污泥机械脱水是以多孔性物质为过滤介质，在过滤介质两侧的压力差作为推动力，污泥中的水分被强制通过过滤介质，以滤液的形式排出，固体颗粒被截留在过滤介质上，成为脱水后的滤饼（有时称泥饼），从而实现污泥脱水的目的。常用机械污泥脱水的方法有以下三种：

（1）采用加压或抽真空将污泥内水分用空气或蒸汽排除的通气脱水法，比较常见的是真空过滤法；

（2）依靠机械压缩作用的压榨过滤法，一般对高浓度污泥采用压滤法，常用方法是连续脱水的带式压滤法和间歇脱水的板框压滤法；

（3）利用离心力作为动力除去污泥中水分的离心脱水法，常用的是转筒离心法。

77．无机絮凝剂的种类有哪些？

答：无机絮凝剂为低分子的铝盐和铁盐，铝盐主要有硫酸铝、明矾、铝酸钠。铁盐主要有三氯化铁、硫酸亚铁、硫酸铁。

78．消泡剂的种类有哪些？

答：常用的消泡剂按成分不同可分为硅（树脂）类、表面活性剂类、链烷烃类和矿物油类。

79．消毒剂的种类有哪些？

答：常用的消毒剂有次氯酸类、二氧化氯、臭氧、紫外线辐射等。

80．常用助凝剂有哪些？

答：常用助凝剂有氯、石灰、活化硅酸、骨胶和海藻酸钠、活性炭和各种黏土等。

81．如何防止氯气中毒？

答：虽然空气中最高允许浓度为 $1\ mL/m^3$，但长期在低于此值的环境中工作，也会导致慢性中毒，表现为患慢性支气管炎、慢性肠炎、牙龈炎、口腔炎、皮肤瘙痒症等疾病。短时间暴露在高氯环境中，会导致急性中毒。轻度急性中毒表现为喉干胸闷、脉搏加快等症状，重度急性中毒表现为支气管痉挛和水肿，甚至出现昏迷或休克。防止氯中毒的措施如下：

（1）操作人员的值班室要和加氯间分开设置，并在加氯间安装监测及报警装置，随时对其中的氯浓度进行监测。

（2）加氯间要靠近加氯点，两者间距不超过 $30\ m$。加氯间建筑要坚固防火、耐冻保温、通风良好、大门外开，并与其他工作间严格分开，没有任何直接流通。由于氯比空气重，因此当氯气在室内泄漏后，会将空气排挤出去，在封闭的室内下部积聚并逐渐向上扩散。所以加氯间的底部必须安装强制排风设施，进气孔要设在高处。

（3）加氯间门外要备用检修工具、防毒面具和抢救器具等，照明和通风设备的开关也要设在室外，在进入加氯间之前，先进行通风。通向加氯间的压力水管必须保证不间断供水，并保持水压稳定，同时还要有应对突然停水的措施。加氯间要设置碱液池，并定时检验保证碱液随时有效。当发现氯瓶有严重泄漏时，戴好防毒面具，然后将氯瓶迅速移入碱液池中。

（4）当发现现场有人急性氯中毒后．要设法迅速将中毒者迅速转移到具有新鲜空气的地方，对呼吸困难者，应当让其吸氧。严重者进行人工呼吸，可以用 2%的碳酸氢钠溶液洗眼、鼻、口等部位，还可以让其吸入雾化的 5%碳酸氢钠溶液。

82．使用液氯瓶的注意事项有哪些？

答：（1）氯瓶内压力一般为 0.6～0.8MPa，不能在太阳下曝晒或靠近炉火或其他高温热源，以免气化时压力过高发生爆炸。液氯和干燥的氯气对铜、铁和钢等金属没有腐蚀性，但遇水或受潮时，化学活性增强，能腐蚀大多数金属，因此贮氯钢瓶必须保持 0.05～0.1MPa 的余压，不能全部用空，以免进水。

（2）液氯变成氯气要吸收热量，1 kg 液氯变成 1 kg 氯气约需要 289 kJ 热量，在气温较低时，氯瓶在空气中吸收的热量有限，液氯气化的数量受到限制时，需要对氯瓶进行加热。但切不可用明火、蒸汽直接加热氯瓶，也不宜使氯瓶温度升高太多或太快，一般可以使用 15～25℃的温水连续淋洒氯瓶的方法对氯瓶加温。

（3）要经常用 10%氨水检查加氯机与氯瓶的连接处是否泄漏，如果发现加氯机的氯气管出现堵塞现象，切不可用水冲洗，可以用钢丝疏通，再用打气筒或压缩空气将杂物吹掉。

（4）开启前要检查氯瓶的放置位置是否正确，一定要保证出口朝上，即放出来的是氯气而不是液氯。开氯瓶总阀时。要先缓慢开半圈，随即用 10%氯水检查是否漏气，一切正常后再逐渐打开。如果阀门难以开启，不能用榔头敲击，也不能用长扳手用力扳，以防将阀杆拧断。

83．废水处理场的调试过程是怎样的？

答：废水处理场的调试也称试运行。包括单机试运与联动试车两个环节，是其正式运行前必须进行的几项工作，通过试运行可以及时修理和改正过程缺陷和错误，确保处理场达到设计功能。在调试废水处理工艺过程中，离不开机电设备、自控仪表、化验分析等相关专业的配合，因此调试实际是设备、自控、工艺实现联动的过程。具体可以归纳如下：

（1）单机试运：包括各种设备安装后的单机运行和各处理单元和构筑物的试水。在未进水和已进水两种情况下对污水处理设备进行试运行，同时检查水工构筑物的水位等是否满足设计要求。

（2）对整个工艺系统进行设计水样的清水联动试运行，打通工艺流程。考察设备在清水流动下的运行情况，检查部分自控仪表和连接各个工艺单元的管道和闸门等是否满足设计要求。

（3）对各级处理的各个处理单元分别进入要处理的废水，检验各处理单元的处理效果或进行正式运行前的准备工作（如培养驯化活性污泥等）。

（4）全工艺流程废水联动试运行，直至出水水质达标。此阶段进一步检验设备运转的稳定性，同时实现自控系统的联动。

84. 废水处理场试运行的主要作用有哪些？

答：（1）进一步检验土建、设备和安装工程的质量，建立相关设施的档案资料，对相关机械、设备、仪表的设计合理性及运行操作注意事项等提出建议。

（2）通过污水处理设备的带负荷运转，测试其能力是否达到铭牌值或设计值。如水泵和风机的流量压力、温度、噪声与振动等，曝气设备的充氧能力和氧利用能力，刮、排泥机械的运行稳定性、保护装置的效果等。

（3）检测泵站、均质池、沉砂池、曝气池、沉淀池等工艺单元构筑物的处理效果是否达到设计值，二级处理采用生物法时要根据来水水质情况选择合适的方法培养驯化活性污泥。

（4）在单项处理设施带负荷试运行的基础上，连续进水打通整个工艺流程，再参照同类型污水处理场运行经验的条件下，经过调整各个工艺环节的操作数据，使污水处理尽早达标排放，同时摸索整个系统及各个处理构筑物在转入正常运行后的最佳工艺参数。

85. 沉淀池调试时的主要内容有哪些？

答：（1）检查刮泥机或吸泥机等金属部件的防腐是否完好合格，以及其在无水情况下的运转状况。

（2）沉淀池进水后观察是否漏水，做好沉降观测，检查观测沉淀池是否存在不均匀沉淀（沉淀池的不均匀沉降对刮泥机或吸刮泥机的运行影响很大），通过观察出水三角堰的出水情况也能发现沉淀池的沉降情况。

（3）检查刮泥机或吸泥机的带负荷运行状况。主要观察振动、噪声和驱动电机的运转情况是否正常，线速度、角速度等是否在设定范围内。

（4）试验和确定刮泥机或吸泥机的刮、吸泥功能和刮渣功能是否正常。观察沉淀池表面的浮渣能否及时排出，观察排泥量在一定范围内变化时的刮吸泥效果。

（5）分别测定进、出水的 SS，验证沉淀池在设计进水负荷下的作用是否符合设计要求。比如二沉池的回流污泥浓度和初沉池的排泥浓度是否在合理范围内。

（6）检验与沉淀池有关的自控系统能否正常联动。如初沉池的自动开停功能和二沉池根据泥位计测得泥位的自动排放剩余污泥或浮渣功能等。

86. 活性污泥法试运行时注意事项有哪些？

答：（1）活性污泥法试运行的主要工作是培养和驯化活性污泥，对于生活污水比例较大的城市污水和混有较大比例生活污水的工业废水，可以使用间歇培养法或连续培养法直接培养。而对于成分主要是难降解有机物的工业废水来说，通常需要接种培养和间接培养，即先用生活污水培养污泥，再逐步排入工业废水对污泥进行驯化。

（2）活性污泥培养初期，由于污泥尚未大量形成，产生的污泥也处于离散状态，因而曝气量一定不能太大，一般控制在曝气量的 1/2 即可，否则不易形成污泥絮体。

（3）试运行时应当随时进行镜检，观察生物相的变化情况，并及时测量 SV、MLSS 等指标，并根据观测结果随时调整试运行的工况条件。

（4）活性污泥达到设计浓度，并不能说明试运行已经完成，而应当以出水水质连续相当长的时间（6～10 个月）达到设计指标为试运行的完成标志。

（5）为提高活性污泥的培养速度，缩短培养时间，废水处理场一般应避免在冬季试运行。冬季水温较低，不利于微生物的快速繁殖。

（6）试运行的目的是确定最佳的运行工艺条件，如确定最佳的 MLSS、鼓风量、污水投加方式等，如果工艺废水中的养料不足，还应确立氮、磷的投加量。可以将这些参数组成几种运行条件，结合设计值分阶段进行试验，观察各种条件的处理效果，最后确定最佳的运行数据。

87．生物膜法试运行时的注意事项有哪些？

答：（1）在生物培养阶段，除氮磷等营养元素的数量必须充足外，采用小负荷进水的方法，减小对生物膜的冲刷作用，增加填料或滤料的挂膜速度。

（2）试运行时应当随时进行镜检，观察生物膜的生长情况和生物相的变化情况，注意特征微生物的种类和数量变化情况。

（3）控制生物膜的厚度，保持在 2 mm 左右，不使厌氧层过分增长，通过调整水力负荷（改变回流水量）等形式使生物膜的脱落均衡进行。

88．废水处理操作工巡检时应该注意观察哪些现象？

答：在活性污泥法污水处理厂中，一个有经验的操作工或管理者对污水处理正常运行的各种表现应该心中有数，即可以通过巡检时观察污水处理系统各个环节的感官现象和指标，初步判断进出水水质是否变化、各构筑物运转是否正常、处理效果是否稳定，从而较快地对一些运行参数进行调整，避免因水质化验结果出来得较晚而延误调整的最佳时机。巡检时应该注意观察的现象有以下几个方面：

（1）颜色与气体。

对于一个已经正常运行的污水处理厂来说，进厂的污水颜色与气味一般变化不大，变化一般也是有规律的，按流程进入和流出各个工艺构筑物的污水或污泥的颜色与气体也是固定或有规律变化的。如果出现异常，就说明遇到了不正常情况，需要进行适当调整或提前采取一些应对措施，为发生突变做好准备，比如活性污泥正常的颜色应当是黄褐色，正常气味应当是土腥味或霉香味，如果发现颜色变黑或闻到腐败性气味则说明供氧不足，污泥已发生腐败，需要采取增加供氧的措施。

（2）气泡与泡沫。

在供氧充足、污水处理效果良好时，无论采取哪种曝气方式，曝气池内都会出现少量分布均匀的气泡与泡沫。气泡与泡沫的大小和曝气方式等因素有关，外观类似肥皂泡，风吹即散，这往往是水中含有少量油脂或表面活性剂而造成的，如果曝气池内有大量白色泡沫翻滚，泡沫有黏性不会自然破碎，堆积满池甚至飘逸到池顶走道上，这往往说明来水中油脂或表面活性剂过多或活性污泥发生了异常变化。在二沉池表面，一般看不到气泡与泡沫，但有时因污泥在二沉池局部停留时间太长，产生厌氧分解或出现反硝化而析出气体，二沉池表面也能见到气泡，甚至有时气泡会将污泥颗粒带到二沉池表面形成浮渣。

（3）水流状态。

曝气池表面的水流应当平稳翻滚，如果局部翻动缓慢，往往说明此处扩散器堵塞；如果局部剧烈翻动，往往说明此处曝气过多或曝气头脱落。在机械曝气池中如果发现近池壁处水流翻动不剧烈，近叶轮处溅花高度及范围很小，则说明叶轮浸没深度不够，应当予以调整。

如果沉淀池或沉砂池边角处有积泥或积渣，应当检查排泥排渣管道是否通畅，排泥排渣的数量是否及时和合适。如果二沉池出水悬浮物增加、透明度下降，则应当检查剩余污泥排放和进水水量是否正常，出水集中有泡沫积聚和水位变化等现象。则应当检查进水水质和水量是否发生了变化。

（4）温度、流量、压力等。

污水处理场一般都有一系列现场显示仪表，比如温度、流量、压力等，巡查时要认真负责地观察和记录，并与正常值进行对比。如果发现异常，就应当立即采取多种形式的应对措施。

（5）声音与振动。

对污水处理场泵、风机、表曝机等设备正常运转的声音与振动等感官指标应当了如指掌，巡检时利用听、看、摸等简单手段判断出设备的运转情况。

（6）二沉池的现象。

观察二沉池泥面的高低、上清液的透明程度、出水悬浮物、水面漂浮物等现象及变化情况，正常运行时，二沉池上清液的厚度应该为 0.5～0.7 m 以上，站在二沉池上能清晰地看到泥面。泥面上升说明污泥的沉降性能较差，上清液变得浑浊说明负荷过高，上清液透明但含有一些细小污泥颗粒或碎片，往往是污泥解絮的表现，液面不连续、大块污泥上浮说明池底出现反硝化或局部厌氧，而污泥大范围成层上浮可能是污泥中毒所致。

89. 现场管理的常用清通方法有哪些？

答：清通的方法主要有两种。

（1）水力清通。水力清通是利用水流对管道进行冲洗，具体方法是用一个充气橡皮垫或木桶橡皮刷堵住检查井下游管段的进口，利用绞车上的钢丝绳将自由端拴牢，然后设法使上游管段充气，气塞缩小后便在水流的推动下向下游移动而刮走污泥，同时水流在上游水压作用下，因气塞堵塞部分过水面积而以较大的流速从气塞底部冲向下游。这样一来，沉积在管底的淤泥便在气塞和水流冲刷的双重作用下排向下游检查井，管道本身得到清刷。

（2）机械清通。机械清通是用逐根相连的竹片从需要清通的管段一端的检查井穿进，直到下游的检查井穿出来，从竹片的一端系上钢丝绳，钢丝绳的另一端系住清通工具的一端（清通工具的另一端也用钢丝绳系住），在需要清通的管段两端的检查井上各设一架手动或机动绞车，竹片从下游的检查井抽出来时将钢丝绳带出后，清通工具两端的钢丝绳分别系在两架车上。然后利用绞车往复绞动钢丝绳，带动清通工具将淤泥刮到下游检查井内，使管道得到清通。清通工具有铁牛、胶皮刷、钢丝刷等很多种，其大小应与管道管径相适应，当淤泥数量较多时，可先用小号清通工具清通，等污泥清除到一定程度后，再使用与管径相适应的清通工具清通。

90. 清通管道时下井作业的注意事项有哪些？

答：（1）下井作业前必须履行各种手续，检查井井盖开启后，必须设置护栏和明显标志。

（2）下井前必须提前打开检查井井盖及其上下游井盖进行自然通风，并用竹棒搅动井内泥水，以散发其中的有害气体。必要时可采用人工强制通风，使有毒有害气体浓度降到允许值以下而含氧量达到规定值。

（3）人员下井前，必须进行气体检测，测定井下空气中常见有害气体的浓度和含氧量，其含氧量不得少于 18%。准确量化的测定方法是使用多功能气体检测仪，检测方便快捷。简易的方法是用安全灯放入井内，如果缺氧，灯会熄灭；如果有可燃性易爆气体（未到爆炸极限），灯熄灭时会爆闪。简易的方法还可以将鸽子小鸟等放入井内，观察小鸟的活动是否异常来判断人能否下井。

（4）严禁进入管径 0.8 m 以下的管道作业，对井深不超过 3 m 的检查井，在穿竹片牵引钢丝绳和掏挖淤泥时，也不宜下井作业。

（5）井下严禁使用明火。照明必须使用防爆型设备，而且供电电压不得大于

12V。井下作业面上的照度要高于 50lx。

进入污水处理场的其他井、池作业时的注意事项也可以参照以上内容。

91. 对进入井、池作业的人员有哪些要求？

答：（1）下井、池作业人员必须经过安全技术培训，懂得人工急救的基本方法，明白防护用具、照明器具和通信器具的使用方法。

（2）患深度近视、高血压、心脏病等严重慢性疾病及有外伤创口尚未愈合者不得从事井、池下工作。

（3）操作人员下井工作时，必须穿戴必要的防护用品，比如悬托式安全带、安全指、手套、防护鞋和防护服等。如果尽管在已采取常规措施仍无法保证井下空气的安全性而又必须下井时，严禁使用过滤式防毒面具和隔离式供氧面具，而应当佩带供压缩空气的隔离式防护装置。

（4）有人在井下工作时，井上应有两人以上监护。如果进入管道还应在井内增加监护人员作为中间联络人，无论出现什么情况，只要有人在井下工作，监护人就不得擅离职守。

（5）每次下井作业的时间不宜超过 1 h。

92. 废水处理场可能出现的有害气体有哪些？

答：在污水管道和处理场的各种构筑物和井内，都有可能存在对人体有害的气体。这些有害气体成分复杂、种类繁多，根据危害方式的不同，可将它们分为有毒有害气体（窒息性气体）和易燃易爆气体两大类。

有毒有害气体主要通过人的呼吸器官对人体造成伤害，比如硫化氢、一氧化碳等气体，这些气体进入人体内部后会抑制人体细胞的换氧功能，引起肌体组织缺氧而发生窒息性中毒。

易燃易爆气体是遇到各种明火或温度升高到一定程度能引起燃烧甚至爆炸的气体，比如沼气、石油气等。在污泥井、集水井（池）等气体流通不畅或长时间没有任何操作的地方，这些气体容易积聚成害。

93. 废水处理场的安全生产制度有哪些？

答：（1）安全生产责任制：安全生产责任制是根据"管生产必须管安全"的原则，以制度形式规定污水处理厂各级领导和各岗位工作人员在生产活动中应负的安全责任，它是污水处理厂搞好安全生产的一项最基本的制度，规定了各级领导、各职能部门、安全管理部门及其他各岗位的安全生产职责范围。

（2）安全生产教育制：必须对新入厂的职工进行三级安全教育（入厂教育、车间教育和班组岗位教育），经考试合格后，才能进入岗位操作，设备更新或对操作员调换岗位都必须进行相应的安全教育。电气、起重吊装、焊接、车辆驾驶等特殊作业的人员必须经过专门的培训，并持有相应特殊工种的操作合格证。

（3）安全生产检查制：操作人员上班后的第一项工作就是必须对所操作的设备和工艺系统进行检查，安全管理部门定期检查各个生产岗位存在的各种安全隐患，厂领导还要组织专项检查。

（4）事故报告处理制：发生事故必须及时向有关管理部门报告，按照有关规定进行处理，严格执行"四不放过原则"（事故原因分析不清不放过、事故责任者没有受到处理不放过、群众没有受到教育不放过、没有防范措施不放过）。

（5）防火防爆制度：对含油污水处理区、污泥消化区等容易发生火灾爆炸的区域要建立严格的防火防爆制度，规范用火或临时用电的管理和审批，按规定设置必要的消防器材和设施。

（6）各工种、岗位安全操作规程：污水处理厂要根据本厂的工艺特点和采用的仪器设备的特性制定各个工种或各生产岗位的安全操作规程。各通用工种如化验工、电工、焊工等要执行国家或区域统一规定的安全操作规程。

94. 废水处理场的常规分析化验项目有哪些？频率是多少？

答：废水处理场对水质进行检测的目的有两个：① 了解进水、出水的情况，观察出水是否符合国家排放标准；② 控制工艺的运行状况，判断工艺运行是否正常。按照用途可以将废水处理场的常规监测项目分为以下 3 类：

（1）反映处理效果的项目，进、出水的 BOD、COD、SS 及有害物质（视进水水质情况而定）等，三班运行的污水处理场监测频率一般为 1 班 1 次，即 1 日 3 次。

（2）反映污泥状况的项目：包括曝气混合液的各种指标 SV、SVI、MLSS、MLVSS 及生物相观察等和回流污泥的各种指标 RSSS、RSVSS、RSSV 及生物相观察等，监测频率一般为一日 1 次。

（3）反映污泥环境条件和营养的项目，水温、pH、溶解氧、氮、磷等，水温、pH、溶解氧等一般采用在线仪表随时监测，氮、磷的监测频率一般为 1 日 1 次。

理论上讲，废水处理场的监测项目越多，监测频率越高越能反映实际情况，分析结果越准确、可靠，但是还要考虑实际可能和现实实用性，因此具体监测项目和监测频率往往根据需要和实际情况确定。

95. 废水处理场污泥的常规监测项目有哪些？

答：（1）含水率与含固率：污泥的含固率和含水率之和是 100%，即含水率高的污泥含固率低，含水率低的污泥含固率高。剩余污泥进行浓缩、消化、脱水处理，脱水后的污泥含水率会有明显改变，含水率或含固率的变化可以反映浓缩、消化、脱水等处理过程的效果。

（2）挥发性物质和灰分：挥发性物质代表污泥中所含有机杂质的数量，灰分代表污泥中所含无机杂质的数量，两者都是以在污泥干重中所占百分比表示。

（3）微生物：污泥中的微生物种类和数量在消化、堆肥处理后会有明显的变化，尤其是在绿化、农用等最终处理之前必须对其中的致病微生物如大肠菌群等进行检测。

（4）有毒物质：为了评价污泥利用或处理时对环境的影响，需要对最终排放或利用的污泥及其制品的氰化物、汞、铅等有毒物质或有毒重金属及某些难以分解的有毒有机物含量进行检测。

（5）植物含氧成分：为了评价污泥或污泥制品的肥力，必须对污泥中的氮、磷等植物营养成分进行检测。

附　录

附录 I　水处理实验报告（样例）

水处理实验技术实验报告

姓名_____ 班级_____ 学号_____

实验名称_____ 自由沉淀 _____ 实验日期_____

批改日期_____ 成绩_____ 教师签名_____

一、实验目的
_____
_____
_____
_____
_____

二、实验原理
_____
_____
_____
_____
_____

三、实验设备

1. 有机玻璃管沉淀柱一根，内径 $D \geq 100\ mm$，高 $1.5\ m$。有效水深即由溢流口至取样口距离，共两种，$H_1=0.9\ m$，$H_2=1.2\ m$。每根沉降柱上设溢流管、取样管、进水及放空管。

2. 配水及投配系统包括钢板水池、搅拌装置、水泵、配水管、循环水管和计量水深用标尺。

3. 计量水深用标尺，计时用秒表，玻璃烧杯，移液管，玻璃棒，瓷盘等。

4. 悬浮物定量分析所需设备有万分之一天平、带盖称量瓶、干燥皿、烘箱、抽滤装置、定量滤纸等。

5. 水样可用煤气洗涤污水，轧钢污水，天然河水或人工配置水样。

_____
_____

四、结果讨论

附录II 水处理实习/实训报告（样例）

《水污染控制》实习/实训报告

姓名_____班级_____学号_____

实验名称_____污水处理厂平面布置实训_____实验日期_____

批改日期_____成绩_____教师签名_____

一、实习目的

_____

_____

_____

_____

二、实习方式及安排

_____

_____

_____

_____

_____

三、实习内容

_____

_____

_____

_____

_____

_____

四、实习总结

附录III 《城镇污水处理厂污染物排放标准》(GB 18918—2002)

1 范围

本范围规定了城镇污水处理厂出水、废水排放和污泥处置（控制）的污染物限值。

本标准适用于城镇污水处理厂出水、废气排放和污泥处置（控制）的管理。

居民小区和工业企业内独立的生活污水处理设施污染物的排放管理，也按本标准执行。

2 规范性引用文件

下列标准中的条文通过本标准的引用即成为标准的条文，与本标准同效。

GB 3838 地表水环境质量标准

GB 3097 海水水质标准

GB 3095 环境空气质量标准

GB 4284 农用污泥中污染物控制标准

GB 8978 污水综合排放标准

GB 12348 工业企业厂界噪声标准

GB 16297 大气污染物综合排放标准

HJ/T 55 大气污染物无组织排放检测技术指导

当上述标准被修订时，应使用其最新版本。

3 术语与定义

3.1 城镇污水（municipal wastewater）

指城镇居民生活污水，机关、学校、医院、商业服务机构及各种公用设施排水，以及允许排入城镇污水收集系统的工业废水和初期雨水等。

3.2 城镇污水处理厂（municipal wastewater treatment plant）

指对进入城镇污水收集系统的污水进行净化处理的污水处理厂。

3.3 一级强化处理（enhanced primary treatment）

在常规一级处理（重力沉降）基础上，增加化学混凝处理、机械过滤或不完全生物处理等，以提高一级处理效果的处理工艺。

4 技术内容

4.1 水污染物排放标准

4.1.1 控制项目及分类

4.1.1.1 根据污染物的来源及性质,将污染物控制项目分为基本控制项目和选择控制项目两类。基本控制项目主要包括影响水环境和城镇污水处理厂一般处理工艺可以去除的常规污染物,以及部分一类污染物,共 19 项。选择控制项目包括对环境有较长期影响或毒性较大的污染物,共计 43 项。

4.1.1.2 基本控制项目必须执行。选择控制项目,由地方环境保护行政主管部门根据污水处理厂接纳的工业污染物的类别和水环境质量要求选择控制。

4.1.2 标准分级

根据城镇污水处理厂排入地表水域环境功能和保护目标,以及污水处理厂的处理工艺,将基本控制项目的常规污染物标准分为一级标准、二级标准、三级标准。一级标准分为 A 标准和 B 标准。一类重金属污染物和选择控制项目不分级。

4.1.2.1 一级标准的 A 标准是城镇污水处理厂出水作为回用水的基本要求。当污水处理厂出水引入稀释能力较小的河湖作为城镇景观用水和一般回用水等用途时,执行一级标准的 A 标准。

4.1.2.2 城镇污水处理厂出水排入国家和省确定的重点流域及湖泊、水库等封闭、半封闭水域时,执行一级标准的 A 标准,排入 GB 3838 地表水Ⅲ类功能水域(划定的饮用水水源保护区和游泳区除外)、GB 3097 海水二类功能水域时,执行一级标准的 B 标准。

4.1.2.3 城镇污水处理厂出水排入 GB 3838 地表水Ⅳ、Ⅴ类功能水域或 GB 3097 海水三、四类功能海域,执行二级标准。

4.1.2.4 非重点控制流域和非水源保护区的建制镇的污水处理厂,根据当地经济条件和水污染控制要求,采用一级强化处理工艺时,执行三级标准。但必须预留二级处理设施的位置,分期达到二级标准。

4.1.3 标准值

4.1.3.1 城镇污水处理厂水污染排放基本控制项目,执行表 1 和表 2 的规定。

表 1　基本控制项目最高允许排放浓度（日均值）　　　单位：mg/L

序号	基本控制项目		一级标准		二级标准	三级标准
			A 标准	B 标准		
1	化学需氧量（COD）		50	60	100	120①
2	生化需氧量（BOD₅）		10	20	30	60①
3	悬浮物（SS）		10	20	30	50
4	动植物油		1	3	5	20
5	石油类		1	3	5	15
6	阴离子表面活性剂		0.5	1	2	5
7	总氮（以 N 计）		15	20	—	—
8	氨氮（以 N 计）②		5（8）	8（15）	25（30）	—
9	总磷（以 P 计）	2005 年 12 月 31 日前建设的	1	1.5	3	5
		2006 年 1 月 1 日起建设的	0.5	1	3	5
10	色度（稀释倍数）		30	30	40	50
11	pH		6～9			
12	粪大肠菌群数（个/L）		10³	10⁴	10⁴	—

注：① 下列情况下按去除率指标执行：当进水 COD 大于 350 mg/L 时，去除率应大于 60%；BOD 大于 160 mg/L时，去除率应大于 50%。
② 括号外数值为水温＞120℃时的控制指标，括号内数值为水温≤120℃时的控制指标。

表 2　部分一类污染物最高允许排放浓度（日均值）　　　单位：mg/L

序号	项目	标准值	序号	项目	标准值
1	总汞	0.001	5	六价铬	0.05
2	烷基汞	不得检出	6	总砷	0.1
3	总镉	0.01	7	总铅	0.1
4	总铬	0.1			

4.1.3.2　选择控制项目按表 3 的规定执行。

表 3　选择控制项目最高允许排放浓度（日均值）　　　单位：mg/L

序号	选择控制项目	标准值	序号	选择控制项目	标准值
1	总镍	0.05	5	总锌	1.0
2	总铍	0.002	6	总锰	2.0
3	总银	0.1	7	总硒	0.1
4	总铜	0.5	8	苯并[α]芘	0.000 03

序号	选择控制项目	标准值	序号	选择控制项目	标准值
9	挥发酚	0.5	27	邻二甲苯	0.4
10	总氰化物	0.5	28	对二甲苯	0.4
11	硫化物	1.0	29	间二甲苯	0.4
12	甲醛	1.0	30	乙苯	0.4
13	苯胺类	0.5	31	氯苯	0.3
14	总硝基化合物	2.0	32	1,4-二氯苯	0.4
15	有机磷农药（以 P 计）	0.5	33	1,2-二氯苯	1.0
16	马拉硫磷	1.0	34	对硝基氯苯	0.5
17	乐果	0.5	35	2,4-二硝基氯苯	0.5
18	对硫磷	0.05	36	苯酚	0.3
19	甲基对硫磷	0.2	37	间甲酚	0.1
20	五氯酚	0.5	38	2,4-二氯酚	0.6
21	三氯甲烷	0.3	39	2,4,6-三氯酚	0.6
22	四氯化碳	0.03	40	邻苯二甲酸二丁酯	0.1
23	三氯乙烯	0.3	41	邻苯二甲酸二辛酯	0.1
24	四氯乙烯	0.1	42	丙烯腈	2.0
25	苯	0.1	43	可吸附有机卤化物（AOX 以 Cl 计）	1.0
26	甲苯	0.1			

4.1.4　取样与监测

4.1.4.1　水质取样在污水处理厂处理工艺末端排放口。在排放口应设污水水量自动计量装置、自动比例采样装置，pH、水温、COD 等主要水质指标应安装在线监测装置。

4.1.4.2　取样频率为至少每 2 h 1 次，取 24 h 混合样，以日均值计。

4.1.4.3　监测分析方法按表 7 或国家环境保护总局认定的替代方法、等效方法执行。

4.2　大气污染物排放标准

4.2.1　标准分级

根据城镇污水处理厂所在地区的大气环境质量要求和大气污染物处理技术和设施条件，将标准分为三级。

4.2.1.1　位于 GB 3095 一类区的所有（包括现有和新建、改建、扩建）城镇污水处理厂，自本标准实施之日起，执行一级标准。

4.2.1.2　位于 GB 3095 二类区和三类区的城镇污水处理厂，分别执行二级标准和三级标准。其中 2003 年 6 月 30 日之前建设（包括改建、扩建）的城镇污水处理厂，实施标准的时间为 2006 年 1 月 1 日；2003 年 7 月 1 日起新建（包括改、扩建）的城镇污水处理厂，自本标准实施之日起开始执行。

4.2.1.3　新建（包括改建、扩建）城镇污水处理厂周围应建设绿化带，并设有一定的防护距离，防护距离的大小由环境影响评价确定。

4.2.2　标准值

城镇污水处理厂废气的排放标准按表 4 的规定执行。

表 4　厂界（防护带边缘）废气排放量最高允许浓度　　　单位：mg/m³

序号	控制项目	一级标准	二级标准	三级标准
1	氨	1.0	1.5	4.0
2	硫化氢	0.03	0.06	0.32
3	臭气浓度（量纲一）	10	20	60
4	甲烷（厂区最高体积浓度/%）	0.5	1	1

4.2.3　取样与监测

4.2.3.1　氨、硫化氢、臭气浓度监测点设于城镇污水处理厂厂界或防护带边缘的浓度最高点；甲烷监测点设于厂区内浓度最高点。

4.2.3.2　监测点的布置方法与采样方法按 GB 16297 中附录 C 和 HJ/T 55 的有关规定执行。

4.2.3.3　采样频率，每 2 h 采样 1 次，共采集 4 次，取其中最大测定值。

4.2.3.4　监测分析方法按表 8 执行。

4.3　污泥控制标准

4.3.1　城镇污水处理厂的污泥应进行稳定化处理，稳定化处理后应达到表 5 的规定。

表 5　污泥稳定化控制指标

稳定化方法	控制项目	控制指标	稳定化方法	控制项目	控制指标
厌氧硝化	有机物降解率/%	>40		有机物降解率/%	>50
好氧硝化	有机物降解率/%	>40	好氧堆肥	蠕虫卵死亡率/%	>95
好氧堆肥	含水率/%	<65		粪大肠菌群菌值	>0.01

4.3.2　城镇污水处理厂的污泥应进行污泥脱水处理，脱水后污泥含水率应小于 80%。

4.3.3 处理后的污泥进行填埋处理时,应达到安全填埋的相关环境保护要求。

4.3.4 处理后的污泥农用时,其污染物含量应满足表 6 的要求。其施用条件须符合 GB 4284 的有关规定。

表 6 污泥农用时污染物控制标准限值

序号	控制项目	最高允许含量（mg/kg 干污泥）	
		在酸性土壤上（pH＜6.5）	在中性和碱性土壤上（pH≥6.5）
1	总镉	5	20
2	总汞	5	15
3	总铅	300	1 000
4	总铬	600	1000
5	总砷	75	75
6	总镍	100	200
7	总锌	2 000	3 000
8	总铜	800	1 500
9	硼	150	150
10	石油类	3 000	3 000
11	苯并[a]芘	3	3
12	多氯代二苯并二噁英、多氯代二苯并呋喃（PCDD/PC-DF 单位：ng 毒性单位/kg 干污泥）	100	100
13	可吸附有机卤化物（AOX）（以 Cl 计）	500	500
14	多氯联苯（PCB）	0.2	0.2

4.3.5 取样与监测

4.3.5.1 取样方法,采用多点取样,样品应有代表性,样品质量不小于 1 kg。

4.3.5.2 监测分析方法按表 9 执行。

4.4 城镇污水处理厂噪声控制按 GB 12348 执行。

4.5 城镇污水处理厂的建设（包括改建、扩建）时间以环境影响评价报告书批准的时间为准。

5 其他规定

城镇污水处理厂出水作为水资源用于农业、工业、市政、地下水回灌等方面不同用途时,还应达到相应的用水水质要求,不得对人体健康和生态环境造成不利影响。

6 标准的实施与监督

6.1 本标准由县级以上人民政府环境保护行政主管部门负责监督实施。

6.2 省、自治区、直辖市人民政府对执行国家污染物排放标准不能达到本地区环境功能要求时，可以根据总量控制要求和环境影响评价结果制定严于本标准的地方污染物排放标准，并报国家环境保护行政主管部门备案。

表 7 水污染监测分析方法

序号	控制项目	测定方法	测定下限	方法来源
1	化学需氧量（COD）	重铬酸盐法	30	GB 11914—89
2	生化需氧量（BOD）	稀释与接种法	2	GB 7488—87
3	悬浮物（SS）	重量法		GB 11901—89
4	动植物油	红外光度法	0.1	GB/T 16488—1996
5	石油类	红外光度法	0.1	GB/T 16488—1996
6	阴离子表面活性剂	亚甲蓝分光光度法	0.05	GB 7494—87
7	总氮	碱性过硫酸钾—消解紫外分光光度法	0.05	GB 11894—89
8	氨氮	蒸馏和滴定法	0.2	GB 7478—87
9	总磷	钼酸铵分光光度法	0.01	GB 11893—89
10	色度	稀释倍数法		GB 11903—89
11	pH 值	玻璃电极法		GB 6920—86
12	粪大肠菌群数	多管发酵法		1）
13	总汞	冷原子吸收分光光度法	0.000 1	GB 7468—87
		双硫腙分光光度法	0.002	GB 7469—87
14	烷基汞	气相色谱法	10 ng/L	GB/T 14204—93
15	总镉	原子吸收分光光度法（螯合萃取法）	0.001	GB 7468—87
		双硫腙分光光度法	0.001	GB 7471—87
16	总铬	高锰酸钾氧化—二苯碳酰二肼分光光度法	0.004	GB 7466—87
17	六价铬	二苯碳酰二肼分光光度法	0.004	GB 7467—87
18	总砷	二乙基二硫代氨基甲酸银分光光度法	0.007	GB 7485—87
19	总铅	原子吸收分光光度法（螯合萃取法）	0.01	GB 7475—87
			0.01	GB 7470—87

序号	控制项目	测定方法	测定下限	方法来源
		双硫腙分光光度法		
20	总镍	火焰原子吸收分光光度法	0.05	GB 11912—89
		丁二酮肟分光光度法	0.25	GB 11910—89
21	总铍	活性炭吸附—铬天菁S光度法		1)
22	总银	火焰原子吸收分光光度法	0.03	GB 11907—89
		镉试剂2B分光光度法	0.01	GB 11908—89
23	总铜	原子吸收分光光度法	0.01	GB 7475—87
		二乙基二硫氨基甲酸钠分光光度法	0.01	GB 7474—87
24	总锌	原子吸收分光光度法	0.05	GB 7475—87
		双硫腙分光光度法	0.005	GB 7472—87
25	总锰	火焰原子吸收分光光度法	0.01	GB 11911—89
		高碘酸钾分光光度法	0.02	GB 11906—89
26	总硒	2，3—二氨基萘荧光法	0.25 μg/L	GB 11902—89
27	苯并[α]芘	高压液相色谱法	0.001 μg/L	GB 13198—91
		乙酰化滤纸层析荧光分光光度法	0.004 μg/L	GB 11895—89
28	挥发酚	蒸馏后4—氨基安替比林分光光度法	0.002	GB 7490—87
29	总氰化物	硝酸银滴定法	0.25	GB 7486—87
		异烟酸—吡唑啉酮比色法	0.004	GB 7486—87
		吡啶—巴比妥酸比色法	0.002	GB 7486—87
30	硫化物	亚甲基蓝分光光度法	0.005	GB/T 16489—1996
		直接显色分光光度法	0.004	GB/T 17133—1997
31	甲醛	乙酰丙酮分光光度法	0.05	GB 13197—91
32	苯胺类	N—（1—萘基）乙二胺偶氮分光光度法	0.03	GB 11889—89
33	总硝基化合物	气相色谱法	5 μg/L	GB 4919—85
34	有机磷农药（以P计）	气相色谱法	0.5 μg/L	GB 13192—91
35	马拉硫磷	气相色谱法	0.64 μg/L	GB 13192—91
36	乐果	气相色谱法	0.57 μg/L	GB 13192—91
37	对硫磷	气相色谱法	0.54 μg/L	GB 13192—91

序号	控制项目	测定方法	测定下限	方法来源
38	甲基对硫磷	气相色谱法	0.42 μg/L	GB 13192—91
39	五氯酚	气相色谱法	0.04 μg/L	GB 8972—88
		藏红 T 分光光度法	0.01	GB 9803—88
40	三氯甲烷	顶空气相色谱法	0.30 μg/L	GB/T 17130—1997
41	四氯化碳	顶空气相色谱法	0.05 μg/L	GB/T 17130—1997
42	三氯乙烯	顶空气相色谱法	0.50 μg/L	GB/T 17130—1997
43	四氯乙烯	顶空气相色谱法	0.2 μg/L	GB/T 17130—1997
44	苯	气相色谱法	0.05	GB 11890—89
45	甲苯	气相色谱法	0.05	GB 11890—89
46	邻二甲苯	气相色谱法	0.05	GB 11890—89
47	对二甲苯	气相色谱法	0.05	GB 11890—89
48	间二甲苯	气相色谱法	0.05	GB 11890—89
49	乙苯	气相色谱法	0.05	GB 11890—89
50	氯苯	气相色谱法		HJ/T 74—2001
51	1,4-二氯苯	气相色谱法	0.005	GB/T 17131—1997
52	1,2-二氯苯	气相色谱法	0.002	GB/T 17131—1997
53	对硝基氯苯	气相色谱法		GB 13194—91
54	2,4-二硝基氯苯	气相色谱法		GB 13194—91
55	苯酚	液相色谱法	1.0 μg/L	1)
56	间甲酚	液相色谱法	0.8 μg/L	1)
57	2,4-二氯酚	液相色谱法	1.1 μg/L	1)
58	2,4,6-三氯酚	液相色谱法	0.8 μg/L	1)
59	邻苯二甲酸二丁酯	气相、液相色谱法		HJ/T 72—2001
60	邻苯二甲酸二辛酯	气相、液相色谱法		HJ/T 72—2001
61	丙烯腈	气相色谱法		HJ/T 73—2001
62	可吸附有机卤化物（AOX）（以 C1 计）	微库仑法	10 μg/L	GB/T 15959—1995
		离子色谱法		HJ/T 83—2001

注：暂采用下列方法，待国家方法标准发布后，执行国家标准。

1）《水和废水监测分析方法，(第三版、第四版)》，中国环境科学出版社。

表8 大气污染物监测分析方法

序号	控制项目	测定方法	方法来源
1	氨	次氯酸钠—水杨酸分光光度法	GB/T 14679—93
2	硫化氢	气相色谱法	GB/T 14678—93
3	臭气浓度	三点比较式臭袋法	GB/T 14675—93
4	甲烷	气相色谱法	CJ/T 3037—95

表9 污泥特性及污染物监测分析方法

序号	控制项目	测定方法	方法来源
1	污泥含水率	烘干法	1)
2	有机质	重铬酸钾法	1)
3	蠕虫卵死亡率	显微镜法	GB 7959—87
4	粪大肠菌群菌值	发酵法	GB 7959—87
5	总镉	石墨炉原子吸收分光光度法	GB/T 17141—1997
6	总汞	冷原子吸收分光光度法	GB/T 17136—1997
7	总铅	石墨炉原子吸收分光光度法	GB/T 17141—1997
8	总铬	火焰原子吸收分光光度法	GB/T 17137—1997
9	总砷	硼氰化钾—硝酸银分光光度法	GB/T 17135—1997
10	硼	姜黄素比色法	2)
11	矿物油	红外分光光度法	2)
12	苯并[a]芘	气相色谱法	2)
13	总铜	火焰原子吸收分光光度法	GB/T 17138—1997
14	总锌	火焰原子吸收分光光度法	GB/T 17138—1997
15	总镍	火焰原子吸收分光光度法	GB/T 17139—1997
16	多氯代二苯并二噁英/多氯代二苯并呋喃（PCDD/PCDF）	同位素稀释高分辨毛细管气相色谱/高分辨质谱法	HJ/T 77—2001
17	可吸附有机卤化物（AOX）		待定
18	多氯联苯（PCB）	气相色谱法	待定

注：暂采用下列方法，待国家方法标准发布后，执行国家标准。
1)《城镇垃圾农用监测分析方法》。
2)《农用污泥监测分析方法》。

附录Ⅳ　《纺织染整工业水污染物排放标准》
(GB 4287—2012)

1　适用范围

本标准规定了纺织染整工业企业或生产设施水污染物排放限值、监测和监控要求，以及标准的实施与监督等相关规定。

本标准适用于现有纺织染整工业企业或生产设施的水污染物排放管理。

本标准适用于对纺织染整工业企业建设项目的环境影响评价、环境保护设施设计、竣工环境保护验收及其投产后的水污染物排放管理。

本标准适用于法律允许的污染物排放行为。新设立污染源的选址和特殊保护区域内现有污染源的管理，按照《中华人民共和国水污染防治法》、《中华人民共和国海洋环境保护法》、《中华人民共和国环境影响评价法》等法律、法规、规章的相关规定执行。

本标准不适用于洗毛、麻脱胶、煮茧和化纤等纺织用原料的生产工艺水污染物排放管理。

本标准规定的水污染物排放控制要求适用于企业直接或间接向其法定边界外排放水污染物的行为。

2　规范性引用文件

本标准内容引用了下列文件或其中的条款。凡是不注日期的引用文件，其有效版本适用于本标准。

GB/T 6920—1986　　水质　pH 值的测定　玻璃电极法

GB/T 7467—1987　　水质　六价铬的测定　二苯碳酰二肼分光光度法

GB/T 11889—1989　　水质　苯胺类的测定　N-（1-萘基）乙二胺偶氮分光光度法

GB/T 11893—1989　　水质　总磷的测定　钼酸铵分光光度法

GB/T 11901—1989　　水质　悬浮物的测定　重量法

GB/T 11903—1989　　水质　色度的测定

GB/T 11914—1989　　水质　化学需氧量的测定　重铬酸盐法

HJ 505—2009　　水质　五日生化需氧量（BOD_5）的测定　稀释与接种法

HJ 535—2009　　水质　氨氮的测定　纳氏试剂分光光度法

HJ 536—2009	水质 氨氮的测定 水杨酸分光光度法
HJ 537—2009	水质 氨氮的测定 蒸馏—中和滴定法
HJ 551—2009	水质 二氧化氯的测定 碘量法（暂行）
HJ 636—2012	水质 总氮的测定 碱性过硫酸钾消解紫外分光光度法
HJ/T 60—2000	水质 硫化物的测定 碘量法
HJ/T 83—2001	水质 可吸附有机卤素（AOX）的测定 离子色谱法
HJ/T 195—2005	水质 氨氮的测定 气相分子吸收光谱法
HJ/T 199—2005	水质 总氮的测定 气相分子吸收光谱法
FZ/T 01002—2010	印染企业综合能耗计算办法及基本定额

《污染源自动监控管理办法》（国家环境保护总局令第 28 号）

《环境监测管理办法》（国家环境保护总局令第 139 号）

3 术语和定义

下列术语和定义适用于本标准。

3.1 纺织染整

对纺织材料（纤维、纱、线和织物）进行以染色、印花、整理为主的处理工艺过程，包括预处理（不含洗毛、麻脱胶、煮茧和化纤等纺织用原料的生产工艺）、染色、印花和整理。纺织染整俗称印染。

3.2 标准品

机织物标准品为布幅宽度 152 cm、布重 10～14 kg/100 m 的棉染色合格产品；真丝绸机织物标准品为布幅宽度 114 cm、布重 6～8 kg/100 m 的染色合格产品；针织、纱线标准品为棉浅色染色产品；毛织物标准品布幅按 1 500 cm、布重 30 kg/100 cm 折算。

3.3 现有企业

指在本标准实施之日前，已建成投产或环境影响评价文件已通过审批的纺织染整生产企业或生产设施。

3.4 新建企业

指在本标准实施之日起，环境影响评价文件通过审批的新建、改建和扩建的纺织染整生产设施建设项目。

3.5 排水量

指生产设施或企业向企业法定边界以外排放的废水的量，包括与生产有直接或间接关系的各种外排废水（含厂区生活污水、冷却废水、厂区锅炉和电站排水等）。

3.6　单位产品基准排水量

指用于核定水污染物排放浓度而规定的生产单位印染产品的废水排放量上限值。

3.7　直接排放

指排污单位直接向环境排放水污染物的行为。

3.8　间接排放

指排污单位向公共污水处理系统排放水污染物的行为。

3.9　公共污水处理系统

指通过纳污管道等方式收集废水，为两家以上排污单位提供废水处理服务并且排水能够达到相关排放标准要求的企业或机构，包括各种规模和类型的城镇污水处理厂、区域（包括各类工业园区、开发区、工业聚集地等）水处理厂等，其废水处理程度应达到二级或二级以上。

4　污染物排放控制要求

4.1　自 2013 年 1 月 1 日起至 2014 年 12 月 31 日止，现有企业执行表 1 规定的水污染物排放限值。

表 1　现有企业水污染物排放浓度限值及单位产品基准排水量

单位：mg/L（pH 值、色度除外）

序号	污染物项目	限值		污染物排放监控位置
		直接排放	间接排放	
1	pH 值	6~9	6~9	
2	化学需氧量（COD_{Cr}）	100	200	
3	五日生化需氧量	25	50	
4	悬浮物	60	100	
5	色度	70	80	
6	氨氮	12 20 [1]	20 30 [1]	企业废水总排放口
7	总氮	20 35 [1]	30 50 [1]	
8	总磷	1.0	1.5	
9	二氧化氯	0.5	0.5	
10	可吸附有机卤素（AOX）	15	15	
11	硫化物	1.0	1.0	
12	苯胺类	1.0	1.0	

序号	污染物项目	限值		污染物排放监控位置
		直接排放	间接排放	
13	六价铬	0.5		车间或生产设施废水排放口
单位产品基准排水量（m³/t标准品）	棉、麻、化纤及混纺机织物	175		排水量计量位置与污染物排放监控位置相同
	真丝绸机织物（含练白）	300		
	纱线、针织物	110		
	精梳毛织物	560		
	粗梳毛织物	640		

注：（1）蜡染行业执行该限值。

（2）当产品不同时，可按 FZ/T 01002—2010 进行换算。

4.2 自 2015 年 1 月 1 日起，现有企业执行表 2 规定的水污染物排放限值。

4.3 自 2013 年 1 月 1 日起，新建企业执行表 2 规定的水污染物排放限值。

表2 新建企业水污染物排放浓度限值及单位产品基准排水量

单位：mg/L（pH 值、色度除外）

序号	污染物项目	限值		污染物排放监控位置
		直接排放	间接排放	
1	pH 值	6～9	6～9	
2	化学需氧量（COD$_{Cr}$）	80	200	
3	五日生化需氧量	20	50	
4	悬浮物	50	100	
5	色度	50	80	
6	氨氮	10 / 15[1]	20 / 30[1]	
7	总氮	15 / 25[1]	30 / 50[1]	企业废水总排放口
8	总磷	0.5	1.5	
9	二氧化氯	0.5	0.5	
10	可吸附有机卤素（AOX）	12	12	
11	硫化物	0.5	0.5	
12	苯胺类	不得检出	不得检出	
13	六价铬	不得检出		车间或生产设施废水排放口
单位产品基准排水量（m³/t标准品）	棉、麻、化纤及混纺机织物	140		
	真丝绸机织物（含练白）	300		排水量计量位置与污染物排放监控位置相同
	纱线、针织物	85		
	精梳毛织物	560		
	粗梳毛织物	575		

注：（1）蜡染行业执行该限值。

（2）当产品不同时，可按 FZ/T 01002—2010 进行换算。

4.4 根据环境保护工作的要求，在国土开发密度已经较高、环境承载能力开始减弱，或环境容量较小、生态环境脆弱，容易发生严重环境污染问题而需要采取特别保护措施的地区，应严格控制企业的污染物排放行为，在上述地区的企业执行表3规定的水污染物特别排放限值。

执行水污染物特别排放限值的地域范围、时间，由国务院环境保护行政主管部门或省级人民政府规定。

表3 水污染物特别排放限值

单位：mg/L（pH 值、色度除外）

序号	污染物项目	限值		污染物排放监控位置
		直接排放	间接排放	
1	pH 值	6~9	6~9	企业废水总排放口
2	化学需氧量（COD_{Cr}）	60	80	
3	五日生化需氧量	15	20	
4	悬浮物	20	50	
5	色度	30	50	
6	氨氮	8	10	
7	总氮	12	15	
8	总磷	0.5	0.5	
9	二氧化氯	0.5	0.5	
10	可吸附有机卤素（AOX）	8	8	
11	硫化物	不得检出	不得检出	
12	苯胺类	不得检出	不得检出	车间或生产设施废水排放口
13	六价铬	不得检出		
单位产品基准排水量（m^3/t标准品）[1]	棉、麻、化纤及混纺机织物	140		排水量计量位置与污染物排放监控位置相同
	真丝绸机织物（含练白）	300		
	纱线、针织物	85		
	精梳毛织物	500		
	粗梳毛织物	575		

注：（1）当产品不同时，可按 FZ/T 01002—2010 进行换算。

4.5 水污染物排放浓度限值适用于单位产品实际排水量不高于单位产品基准排水量的情况。若单位产品实际排水量超过单位产品基准排水量，须按式（1）将实测水污染物浓度换算为水污染物基准排水量排放浓度，并以水污染物基准水量排放浓度作为判定排放是否达标的依据。产品产量和排水量统计周期为一个工作日。

在企业的生产设施同时生产两种以上产品、可适用不同排放控制要求或不同行业国家污染物排放标准，且生产设施产生的污水混合处理排放的情况下，应执行排放标准中规定的最严格的浓度限值，并按式换算水污染物基准排水量排放浓度。

$$\rho_{基} = \frac{Q_{总}}{\sum Y_i \cdot Q_{i基}} \times \rho_{实} \tag{1}$$

式中： $\rho_{基}$ ——水污染物基准水量排放浓度，mg/L；

$Q_{总}$ ——排水总量，m³；

Y_i ——某种产品产量，t；

$Q_{i基}$ ——某种产品的单位产品基准排水量，m³/t；

$\rho_{实}$ ——实测水污染物排放浓度，mg/L。

若 $Q_{总}$ 与 $\sum Y_i \cdot Q_{i基}$ 的比值小于 1，则以水污染物实测浓度作为判定排放是否达标的依据。

5 污染物监测要求

5.1 对企业排放废水的采样，应根据监测污染物的种类，在规定的污染物排放监控位置进行，有废水处理设施的，应在处理设施后监控。企业应按照国家有关污染源监测技术规范的要求设置采样口，在污染物排放监控位置应设置排污口标志。

5.2 新建企业和现有企业安装污染物排放自动监控设备的要求，按有关法律和《污染源自动监控管理办法》的规定执行。

5.3 对企业污染物排放情况进行监测的频次、采样时间等要求，按国家有关污染源监测技术规范的规定执行。

5.4 企业产品产量的核定，以法定报表为依据。

5.5 企业应按照有关法律和《环境监测管理办法》的规定，对排污状况进行监测，并保存原始监测记录。

5.6 对企业排放水污染物浓度的测定采用表 4 所列的方法标准。

表4　水污染物浓度测定方法标准

序号	污染物项目	方法标准名称		方法标准编号
1	pH 值	水质　pH 值的测定　玻璃电极法		GB/T 6920—1986
2	化学需氧量	水质　化学需氧量的测定　重铬酸盐法		GB/T 11914—1989
3	五日生化需氧量	水质　五日生化需氧量（BOD$_5$）的测定　稀释与接种法		HJ 505—2009
4	悬浮物	水质　悬浮物的测定　重量法		GB/T 11901—1989
5	色度	水质　色度的测定		GB/T 11903—1989
6	氨氮	水质　氨氮的测定　纳氏试剂分光光度法		HJ 535—2009
		水质　氨氮的测定　水杨酸分光光度法		HJ 536—2009
		水质　氨氮的测定　蒸馏—中和滴定法		HJ 537—2009
		水质　氨氮的测定　气相分子吸收光谱法		HJ/T 195—2005
7	总氮	水质　总氮的测定　碱性过硫酸钾消解紫外分光光度法		HJ 636—2012
		水质　总氮的测定　气相分子吸收光谱法		HJ/T 199—2005
8	总磷	水质　总磷的测定　钼酸铵分光光度法		GB/T 11893—1989
9	二氧化氯	水质　二氧化氯的测定　碘量法（暂行）		HJ 551—2009
10	可吸附有机卤素（AOX）	水质　可吸附有机卤素（AOX）的测定　离子色谱法		HJ/T 83—2001
11	硫化物	水质　硫化物的测定　碘量法		HJ/T 60—2000
12	苯胺类	水质　苯胺类的测定　N-（1-萘基）乙二胺偶氮分光光度法		GB/T 11889—1989
13	六价铬	水质　六价铬的测定　二苯碳酰二肼分光光度法		GB/T 7467—1987

6　实施与监督

6.1　本标准由县级以上人民政府环境保护行政主管部门负责监督实施。

6.2　在任何情况下，企业均应遵守本标准的污染物排放控制要求，采取必要措施保证污染防治设施正常运行。各级环保部门在对设施进行监督性检查时，可以现场即时采样或监测的结果，作为判定排污行为是否符合排放标准以及实施相关环境保护管理措施的依据。在发现企业耗水或排水量有异常变化的情况下，应核定企业的实际产品产量和排水量，按本标准的规定，换算水污染物基准水量排放浓度。

附录Ⅴ　《淀粉工业水污染物排放标准》（GB 25461—2010）

Discharge standard of water pollutants for starch industry

环境保护部　国家质量监督检验检疫总局　发布

2010-09-27 发布　　2010-10-01 实施

前　言

为贯彻《中华人民共和国环境保护法》、《中华人民共和国水污染防治法》、《中华人民共和国海洋环境保护法》、《国务院关于落实科学发展观　加强环境保护的决定》等法律、法规和《国务院关于编制全国主体功能区规划的意见》，保护环境，防治污染，促进淀粉工业生产工艺和污染处理技术的进步，制定本标准。

本标准规定了淀粉工业企业水污染物排放限值、监测和监控要求。为促进区域经济与环境协调发展，推动经济结构的调整和经济增长方式的转变，引导工业生产工艺和污染处理技术的发展方向，本标准规定了水污染物特别排放限值。

本标准中的污染物排放浓度均为质量浓度。

淀粉工业企业排放大气污染物（含恶臭污染物）、环境噪声适用相应的国家污染物排放标准，产生固体废物的鉴别、处理和处置适用国家固体废物污染控制标准。

本标准为首次发布。

自本标准实施之日起，淀粉工业企业的水污染物排放控制按本标准的规定执行，不再执行《污水综合排放标准》（GB 8978—1996）中的相关规定。

地方省级人民政府对本标准未作规定的污染物项目，可以制定地方污染物排放标准；对本标准已作规定的污染物项目，可以制定严于本标准的地方污染物排放标准。

本标准由环境保护部科技标准司组织制订。

本标准主要起草单位：中国环境科学研究院、环境保护部环境标准研究所、中国淀粉工业协会。

本标准环境保护部 2010 年 9 月 10 日批准。

本标准自 2010 年 10 月 1 日起实施。

本标准由环境保护部解释。

1　适用范围

本标准规定了淀粉企业或生产设施水污染物排放限值、监测和监控要求，以及标准的实施与监督等相关规定。

本标准适用于现有淀粉企业或生产设施的水污染物排放管理。

本标准适用于对淀粉工业建设项目的环境影响评价、环境保护设施设计、竣工环境保护验收及其投产后的水污染物排放管理。

本标准适用于法律允许的污染物排放行为。新设立污染源的选址和特殊保护区域内现有污染源的管理，按照《中华人民共和国大气污染防治法》、《中华人民共和国水污染防治法》、《中华人民共和国海洋环境保护法》、《中华人民共和国固体废物污染环境防治法》、《中华人民共和国环境影响评价法》等法律、法规、规章的相关规定执行。

本标准规定的水污染物排放控制要求适用于企业直接或间接向其法定边界外排放水污染物的行为。

2　规范性引用文件

本标准内容引用了下列文件或其中的条款。

GB/T 6920—1986　水质　pH 值的测定　玻璃电极法

GB/T 11893—1989　水质　总磷的测定　钼酸铵分光光度法

GB/T 11894—1989　水质　总氮的测定　碱性过硫酸钾消解紫外分光光度法

GB/T 11901—1989　水质　悬浮物的测定　重量法

GB/T 11914—1989　水质　化学需氧量的测定　重铬酸盐法

HJ/T 195—2005　水质　氨氮的测定　气相分子吸收光谱法

HJ/T 199—2005　水质　总氮的测定　气相分子吸收光谱法

HJ/T 399—2007　水质　化学需氧量的测定　快速消解分光光度法

HJ 484—2009　水质　氰化物的测定　容量法和分光光度法

HJ 505—2009　水质　五日生化需氧量（BOD_5）的测定　稀释与接种法

HJ 535—2009　水质　氨氮的测定　纳氏试剂分光光度法

HJ 536—2009　水质　氨氮的测定　水杨酸分光光度法

HJ 537-2009　水质　氨氮的测定　蒸馏—中和滴定法

《污染源自动监控管理办法》（国家环境保护总局令　第 28 号）

《环境监测管理办法》（国家环境保护总局令　第 39 号）

3 术语和定义

下列术语和定义适用于本标准。

3.1 淀粉工业 starch industry

从玉米、小麦、薯类等含淀粉的原料中提取淀粉以及以淀粉为原料生产变性淀粉、淀粉糖和淀粉制品的工业。

3.2 变性淀粉 modified starch

原淀粉经过某种方法处理后，不同程度地改变其原来的物理或化学性质的产物。

3.3 淀粉糖 starch sugar

利用淀粉为原料生产的糖类统称淀粉糖，是淀粉在催化剂（酶或酸）和水的作用下，淀粉分子不同程度解聚的产物。

3.4 淀粉制品 starch product

利用淀粉生产的粉丝、粉条、粉皮、凉粉、凉皮等称为淀粉制品。

3.5 现有企业 existing facility

本标准实施之日前已建成投产或环境影响评价文件已通过审批的淀粉企业或生产设施。

3.6 新建企业 new facility

本标准实施之日起环境影响评价文件通过审批的新建、改建和扩建淀粉工业建设项目。

3.7 排水量 effluent volume

指生产设施或企业向企业法定边界以外排放的废水的量，包括与生产有直接或间接关系的各种外排废水（如厂区生活污水、冷却废水、厂区锅炉和电站排水等）。

3.8 单位产品基准排水量 benchmark effluent volume per unit product

指用于核定水污染物排放浓度而规定的生产单位淀粉产品或以单位淀粉生产变性淀粉、淀粉糖、淀粉制品的废水排放量上限值。

3.9 公共污水处理系统 public wastewater treatment system

指通过纳污管道等方式收集废水，为两家以上排污单位提供废水处理服务并且排水能够达到相关排放标准要求的企业或机构，包括各种规模和类型的城镇污水处理厂、区域（包括各类工业园区、开发区、工业聚集地等）废水处理厂等，其废水处理程度应达到二级或二级以上。

3.10　直接排放　direct discharge

指排污单位直接向环境排放水污染物的行为。

3.11　间接排放　indirect discharge

指排污单位向公共污水处理系统排放水污染物的行为。

4　水污染物排放控制要求

4.1　自 2011 年 1 月 1 日起至 2012 年 12 月 31 日止，现有企业执行表 1 规定的水污染物排放限值。

表 1　现有企业水污染物排放浓度限值及单位产品基准排水量

单位：mg/L（pH 值除外）

序号	污染物项目		限　值		污染物排放监控位置
			直接排放	间接排放	
1	pH 值		6~9	6~9	
2	悬浮物		50	70	
3	五日生化需氧量（BOD$_5$）		45	70	
4	化学需氧量（COD$_{Cr}$）		150	300	企业废水总排放口
5	氨氮		25	35	
6	总氮		40	55	
7	总磷		3	5	
8	总氰化物（以木薯为原料）		0.5	0.5	
单位产品基准排水量（m^3/t 淀粉）	以玉米、小麦为原料		5		排水量计量位置与污染物排放监控位置一致
	以薯类为原料		12		

4.2　自 2013 年 1 月 1 日起，现有企业执行表 2 规定的水污染物排放限值。

4.3　自 2010 年 10 月 1 日起，新建企业执行表 2 规定的水污染物排放限值。

4.4　根据环境保护工作的要求，在国土开发密度较高、环境承载能力开始减弱，或水环境容量较小、生态环境脆弱，容易发生严重水环境污染问题而需要采取特别保护措施的地区，应严格控制企业的污染排放行为，在上述地区的企业执行表 3 规定的水污染物特别排放限值。

执行水污染物特别排放限值的地域范围、时间，由国务院环境保护主管部门或省级人民政府规定。

表2 新建企业水污染物排放浓度限值及单位产品基准排水量

单位：mg/L（pH 值除外）

序号	污染物项目		限值		污染物排放监控位置
			直接排放	间接排放	
1	pH 值		6～9	6～9	
2	悬浮物		30	70	
3	五日生化需氧量（BOD5）		20	70	
4	化学需氧量（CODCr）		100	300	
5	氨氮		15	35	企业废水总排放口
6	总氮		30	55	
7	总磷		1	5	
8	总氰化物（以木薯为原料）		0.5	0.5	
单位产品基准排水量（m³/t 淀粉）	以玉米、小麦为原料		3		排水量计量位置与污染物
	以薯类为原料		8		排放监控位置一致

表3 水污染物特别排放限值

单位：mg/L（pH 值除外）

序号	污染物项目		限值		污染物排放监控位置
			直接排放	间接排放	
单位产品基准排水量（m³/t 淀粉）	以玉米、小麦为原料		1		排水量计量位置与污染物
	以薯类为原料		4		排放监控位置一致

4.5 水污染物排放浓度限值适用于单位产品实际排水量不高于单位产品基准排水量的情况。若单位产品实际排水量超过单位产品基准排水量，须按式（1）将实测水污染物浓度换算为水污染物基准水量排放浓度，并以水污染物基准水量排放浓度作为判定排放是否达标的依据。产品产量和排水量统计周期为一个工作日。

在企业的生产设施同时生产两种以上产品、可适用不同排放控制要求或不同行业国家污染物排放标准，且生产设施产生的污水混合处理排放的情况下，应执行排放标准中规定的最严格的浓度限值，并按式（1）换算水污染物基准水量排放浓度。

$$P_{基} = \frac{\sum Y_i \cdot Q_{i基}}{Q_{总}} P_{实} \qquad (1)$$

式中：$P_{基}$ —— 水污染物基准水量排放浓度，mg/L；

$Q_总$　——　排水总量，m；

Y_i　——　第 i 种产品产量，t；

$Q_{i基}$　——　第 i 种产品的单位产品基准排水量，m/t；

$P_实$　——　实测水污染物排放浓度，mg/L。

5　水污染物监测要求

5.1　对企业排放废水的采样应根据监测污染物的种类，在规定的污染物排放监控位置进行，有废水处理设施的，应在该设施后监控。在污染物排放监控位置应设置永久性排污口标志。

5.2　新建企业和现有企业安装污染物排放自动监控设备的要求，按有关法律和《污染源自动监控管理办法》的规定执行。

5.3　对企业水污染物排放情况进行监测的频次、采样时间等要求，按国家有关污染源监测技术规范的规定执行。

5.4　企业产品产量的核定，以法定报表为依据。

5.5　对企业排放水污染物浓度的测定采用表 4 所列的方法标准。

表 4　水污染物浓度测定方法标准

序号	污染物项目	方法标准名称	方法标准编号
1	pH 值	水质　pH 值的测定　玻璃电极法	GB/T 6920—1986
2	悬浮物	水质　悬浮物的测定　重量法	GB/T 11901—1989
3	五日生化需氧量	水质　五日生化需氧量（BOD_5）的测定　稀释与接种法	HJ 505—2009
4	化学需氧量	水质　化学需氧量的测定　重铬酸盐法	GB/T 11914—1989
		水质　化学需氧量的测定　快速消解分光光度法	HJ/T 399—2007
5	氨氮	水质　氨氮的测定　纳氏试剂分光光度法	HJ 535—2009
		水质　氨氮的测定　水杨酸分光光度法	HJ 536—2009
		水质　氨氮的测定　蒸馏—中和滴定法	HJ 537—2009
		水质　氨氮的测定　气相分子吸收光谱法	HJ/T 195—2005
6	总氮	水质　总氮的测定　碱性过硫酸钾消解紫外分光光度法	GB/T 11894—1989
		水质　总氮的测定　气相分子吸收光谱法	HJ/T 199—2005
7	总磷	水质　总磷的测定　钼酸铵分光光度法	GB/T 11893—1989
8	总氰化物	水质　氰化物的测定　容量法和分光光度法	HJ 484—2009

5.6　企业须按照有关法律和《环境监测管理办法》的规定，对排污状况进行监测，并保存原始监测记录。

6　实施与监督

6.1　本标准由县级以上人民政府环境保护主管部门负责监督实施。

6.2　在任何情况下，淀粉生产企业均应遵守本标准的水污染物排放控制要求，采取必要措施保证污染防治设施正常运行。各级环保部门在对企业进行监督性检查时，可以现场即时采样或监测的结果，作为判定排污行为是否符合排放标准以及实施相关环境保护管理措施的依据。在发现企业耗水或排水量有异常变化的情况下，应核定企业的实际产品产量和排水量，按本标准规定，换算水污染物基准水量排放浓度。

参考文献

[1] 马庆骥，等. 给水排水设计手册[M]. 北京：中国建筑工业出版社，1986.

[2] 郭正，张宝军. 水污染控制与设备运行[M]. 北京：高等教育出版社，2007.

[3] 韩奎生，齐杰，等. 污水生物处理工艺技术[M]. 大连：大连理工大学出版社，2004.

[4] 徐亚同. 废水中氮磷的处理[M]. 上海：华东师范大学出版社，1996.

[5] 郭正，等. 水污染控制工程技术[M]. 北京：中国环境科学出版社，2007.

[6] 中国工程建设标准化协会标准. 鼓风曝气系统设计规程. CECS97：97.

[7] 周茇. 活性污泥工艺简明原理及设计计算[M]. 北京：中国建筑工业出版社，2005.

[8] 沈兴国. 造纸废水的处理工艺现状及分析[J]. 广东化工，2009，36（195）：161-163.

[9] 王金梅，等. 水污染控制技术. 北京：化学工业出版社，2007.

[10] 曾抗美，李正山，魏文韫. 工业生产与污染控制[M]. 北京：化学工业出版社，2005.

[11] 高廷耀，顾国维，周琪. 水污染控制工程（下册）[M]. 北京：高等教育出版社，2007.

[12] 罗固源. 水污染物化控制原理与技术[M]. 北京：化学工业出版社，2003.

[13] 张自杰. 废水处理理论与设计[M]. 北京：中国建筑工业出版社，2003.

[14] 韩洪军. 污水处理构筑物设计与计算[M]. 哈尔滨：哈尔滨工业大学出版社，2005.

[15] 王凯军，贾立敏. 城市污水生物处理新技术开发与应用[M]. 北京：化学工业出版社，2001.

[16] 阮文权. 废水生物处理工程设计实例[M]. 北京：化学工业出版社，2006.

[17] 孙力平. 污水处理新工艺与设计计算实例[M]. 北京：科学出版社，2001.

[18] 王小文. 水污染控制工程[M]. 北京：煤炭工业出版社，2002.

[19] 李家科，李亚娇. 特种废水处理工程[M]. 北京：中国建筑工业出版社，2011.

[20] 尹士君，李亚峰，等. 水处理构筑物设计与计算（第二版）[M]. 北京：化学工业出版社，2007.

[21] 北京市市政工程设计研究总院. 给水排水设计手册（工业排水）[M]. 北京：中国建筑工业出版社，2002.

[22] 中华人民共和国环境保护标准. 污水气浮处理工程技术规范. HJ2007-2010.

[23] 中国工程建设标准化协会标准. 生物接触氧化法设计规程. CECS128：2001.

[24] 北京市水环境技术与设备研究中心. 三废处理工程技术手册（废水卷）[M]. 北京：化学工业出版社，2002.

[25] 张自杰. 排水工程（下）[M]. 北京：中国建筑工业出版社，2006.

[26] 侯文俊，余健. 印染废水处理工艺进展[J]. 工业用水与废水. 2004, 35（2）：57-59.

[27] 杨书铭，黄长盾. 纺织印染工业废水处理技术[M]. 北京：化学工业出版社，2002.

[28] 张林生. 印染废水处理技术及典型工程[M]. 北京：化学工业出版社，2005.

[29] 杨岳平，徐新华，刘传富. 废水处理工程及实例分析[M]. 北京：化学工业出版社，2003.

[30] 张中和. 给水排水设计手册（第5册）：城镇排水（第2版）[M]. 北京：中国建筑工业出版社，2002.

[31] 张林生. 水的深度处理与回用技术[M]. 北京：化学工业出版社，2008.

[32] 中华人民共和国国家环境保护标准. 序批式活性污泥法污水处理工程技术规范. HJ 577—2010.

[33] 中华人民共和国国家环境保护标准. 膜分离法污水处理工程技术规范. HJ 579-2010.

[34] 中华人民共和国国家环境保护标准. 污水过滤处理工程技术规范. HJ 2008—2010.

[35] 崔玉川，杨崇豪，张东伟. 城市污水回用深度处理设施设计计算[M]. 北京：化学工业出版社，2003.

[36] 克里斯蒂安·戈特沙克，尤迪·利比尔，阿德里安·绍珀，等. 水和废水臭氧化——臭氧及其应用指南[M]. 北京：中国建筑工业出版社，2004.

[37] 曹巍巍. 高级氧化技术在造纸废水处理中的应用[J]. 科技信息，2011, 15：26-30.

[38] 西蒙·贾德，布鲁斯·杰斐逊. 蔡邦肖，译. 膜技术与工业废水回用[M]. 北京：化学工业出版社，2006.

[39] 环境技术网：www.65et.com.

[40] 中国水网：http：//www.h2o-china.com.

[41] 中国城镇水网论坛：http：//www.chinacitywater.org/bbs.

[42] 刘芳. 环境工程专业实验[M]. 南京：南京理工大学出版社，2001.

[43] 王小文，张雁秋. 水污染控制工程[M]. 北京：煤炭工业出版社，2002.

[44] 王燕飞. 水污染控制技术[M]. 北京：化学工业出版社，2001.

[45] 金熙. 工业水处理技术问答集常用数据[M]. 北京：化学工业出版社，1997.

[46] 孙立欣. 水质工程学实验指导书[M]. 黑龙江：哈尔滨工业大学出版社，2003.

[47] 王金梅. 水污染控制技术[M]. 北京：化学工业出版社，2004.